Torsten Weiß • Matthias Habermann

GRAFCET-Workbook

GRAFCET zeichnen, simulieren und an virtuellen Anlagen testen.

3. Auflage Juli 2020

Rechtliches:

© 2020 MHJ-Software GmbH & Co. KG • Albert-Einstein-Str. 101 • D-75015 Bretten • www.mhj.de

Kein Teil dieses Buches darf in irgendeiner Form (Druck, Fotokopie, Mikrofilm oder einem anderen Verfahren) ohne schriftliche Genehmigung von MHJ-Software reproduziert oder unter Verwendung elektronischer Systeme verarbeitet, vervielfältigt oder verbreitet werden.

Warenzeichen:

STEP®, SIMATIC®, TIA-Portal®, S7-1200®, S7-1500®, S7-300® und S7-400® sind eingetragene Warenzeichen der SIEMENS Aktiengesellschaft.

Ihre persönliche Lizenz für **GRAFCET-Studio und PLC-Lab-Runtime**

Seriennummer:	MHJS-GCS1-0720-FD2F-467D-0001-2486
Download GRAFCET-Studio:	http://www.mhj-download.de/grafcet/GRAFCET-Studio.zip oder in Kurzform: https://tinyurl.com/grafcetstudio
Download PLC-Lab-Runtime:	http://www.mhj-download.de/plclab/PLC-Lab-Runtime.zip oder in Kurzform: http://tinyurl.com/zua4qzp

==Achten Sie auf die Groß- und Kleinschreibung!==

Installation:

1. Laden Sie GRAFCET-Studio und PLC-Lab-Runtime von unserem Server
2. Entpacken Sie beide ZIP Dateien und starten Sie jeweils die Installation
3. Starten Sie **zuerst GRAFCET-Studio** (wichtig! Nicht PLC-Lab-Runtime starten)
4. Nach dem Starten klicken Sie oben rechts auf die Schaltfläche „**Lizenzmanager**". Klicken Sie im Lizenzmanager auf den Button „**Aktivieren**", geben Sie die obige **Seriennummer** ein und folgen Sie den Anweisungen. Für diesen Schritt ist eine Internetverbindung notwendig.

Für PLC-Lab-Runtime benötigen Sie **keine** Seriennummer: Wenn GRAFCET-Studio aktiviert ist, ist auch PLC-Lab-Runtime aktiviert.

Sie können diese Software auch auf einem 2. PC installieren. Die Software kann aber immer nur auf 1 PC aktiviert sein. Sie können die Software über den Lizenzmanager jederzeit deaktivieren und auf einem anderen PC wieder aktivieren. Für das Aktivieren und Deaktivieren ist immer eine Internetverbindung notwendig.

Hinweise: Sollte nach der Eingabe des Downloadlinks sofort eine Virenmeldung von Ihrem Virenscanner erscheinen, dann ist dies ein Fehlalarm. Wenn Sie mögen, können Sie den Download auf www.virustotal.de hochladen und überprüfen lassen.

1 Einleitung

Vorwort

Vielen Dank, dass Sie sich für das Buch **GRAFCET-Workbook** entschieden haben.

GRAFCET ist ein wichtiges Thema für alle, die sich in irgendeiner Form mit dem Maschinenbau beschäftigen. **GRAFCET** wird berufsübergreifend eingesetzt: **Mechaniker, Elektrotechniker und Programmierer** können sich endlich über die Funktionsweise einer Maschine unterhalten und das über eine gemeinsame Sprache: **GRAFCET**.

GRAFCET ist zwar nur eine Beschreibungssprache – hat aber das Potential, sich zu einer Programmiersprache zu entwickeln.

GRAFCET ist zugleich einfach und überaus mächtig. Es ist im Vergleich zu anderen ‚Sprachen' relativ einfach zu erlernen. Die zum Erlernen notwendigen Software-Werkzeuge liefern wir Ihnen in diesem Buch gleich mit:

- **GRAFCET-Studio Starter:** Damit **erstellen** Sie die GRAFCET-Pläne und können auf dem PC **simulieren**.
- **PLC-LAB Runtime:** Diese Software stellt Ihnen **30 virtuelle Anlagen/Maschinen** zur Verfügung. Die von Ihnen entwickelten GRAFCETs können an diesen Anlagen sehr praxisnah getestet werden.

Beide Programme sind zeitlich **nicht** begrenzt!

Mit der beiliegenden Software wird das Buch wortwörtlich zum ‚Arbeitsbuch': Es werden kleine Anlagen bzw. Maschinen vorgestellt, für die Sie zunächst einen **GRAFCET** erstellen. Nach dessen Fertigstellung koppeln Sie den **GRAFCET** mit der virtuellen Anlage/Maschine und können sehr komfortabel sehen, ob alles so funktioniert, wie es soll.

Wer einem Ertrinkenden noch so anschaulich
einen Rettungsring beschreibt,
wird trotzdem nicht sein Leben retten.
(Walter Ludin)

In diesem Sinne empfehlen wir Ihnen das Gelernte in die Praxis umzusetzen: Im letzten Kapitel des Buches finden Sie Aufgabenstellungen in Form von virtuellen Anlagen, die darauf warten, dass ihnen Leben eingehaucht wird. Erst wenn Sie selbst einen **GRAFCET** zeichnen und ihn auch simulieren, können Sie Ihr neues Wissen festigen. **Durch die Simulation in Verbindung mit den virtuellen Anlagen haben Sie die perfekte Lernkontrolle.**

Wir haben uns Mühe gegeben, neue interessante Maschinen zu kreieren, die Sie ‚programmieren' und in Betrieb nehmen können.

Wenn es mit einer Lösung mal nicht klappt, dann können Sie sich eine Beispiellösung **ansehen**. Diese wird bei der Installation von GRAFCET-Studio auf dem PC in den „Eigenen Dateien" gespeichert.

Übrigens: GRAFCET-Studio gibt es auch in einer Pro-Edition. Hier können Sie den erstellten **GRAFCET** auf Knopfdruck in eine SPS (z.B. S7-1200/1500/300/400) und andere Geräte übertragen. Wenn das für Sie interessant ist, dann besuchen Sie www.GRAFCET-Studio.eu. Dort erhalten Sie mehr Informationen.

Wir wünschen viel Spaß beim Erstellen und Simulieren Ihrer GRAFCET Pläne.

Torsten Weiß und Matthias Habermann

1 Einleitung

Vorbereitung

Damit Sie loslegen können, müssen Sie die beiden Softwareprodukte **GRAFCET-Studio** und **PLC-Lab Runtime** installieren. Installieren Sie **zuerst** GRAFCET-Studio. Nach dem ersten Start müssen Sie die Software aktivieren. Dazu finden Sie im GRAFCET-Studio Fenster rechts oben die Schaltfläche „Lizenzmanager". Im Lizenzmanager drücken Sie die Schaltfläche „Aktivieren" und geben die Seriennummer ein.

Bild 1.1 Schaltfläche *Lizenzmanager*

Die Seriennummer finden Sie im Buch auf der ersten bedruckten Seite. Auf dieser Seite finden Sie auch eine ausführliche Installationsanleitung.

Nach der erfolgreichen Aktivierung von GRAFCET-Studio installieren Sie PLC-Lab-Runtime. **Ist GRAFCET-Studio aktiviert, ist PLC-Lab-Runtime automatisch ebenfalls aktiviert**. Deshalb wird auch nur die Seriennummer von GRAFCET-Studio bereitgestellt.

Überall, wo Sie die **nachfolgenden Symbole** sehen, wird eine PLC-Lab Anlage verwendet. Auf der linken Seite finden Sie den Dateinamen für die PLC-Lab-Anlage und auf der rechten Seite die Vorlagen-Datei für Grafcet-Studio. (Jeweils die deutsch u. englische Version; verwenden Sie die deutsche Version). Wenn Sie die Vorlagendatei für Grafcet-Studio öffnen, ist die Zeichenfläche leer und die Symboliktabelle ist bereits mit den passenden Einträgen für die virtuelle Maschine vorbereitet. So können Sie sofort den Grafcet-Plan zeichnen.

Die GRAFCET-Studio-Vorlagen finden Sie nach der Installation von GRAFCET-Studio in den „eigenen Dateien" im Ordner „GRAFCET-Workbook". Hier finden Sie auch die fertigen Lösungen.

 PlcLabAnlage-xy.plclab

Inhaltsverzeichnis

1	**Einleitung**	**6**
1.1	Hinweis zu den GRAFCET-Beispielen im Buch	6
1.2	Wie sollten Sie dieses Buch lesen?	7
2	**Die ersten Schritte mit dem GRAFCET-Studio**	**7**
2.1	Systemvoraussetzungen	7
2.2	Installation und Aktivierung	7
2.3	Verwendung im Buch	7
2.4	Bildschirmaufbau	8
2.5	Symboliktabelle	9
2.6	Neues Projekt beginnen	9
2.7	GRAFCET-Element einfügen	9
2.8	GRAFCET-Elemente löschen, verschieben	10
2.9	Schrittfolge mit Transitionen zeichnen	10
2.10	GRAFCET-Terme eingeben	11
2.11	Rückführung	12
2.12	Aktionen	13
2.13	Alternative Verzweigung	14
2.14	Makroschritt und eingeschlossener Schritt	17
2.15	Parallele Verzweigung (Synchronisierung)	20
2.16	Zwangssteuerung	23
2.17	GRAFCET editieren	23
2.18	Fehler beheben	25
2.19	GRAFCET simulieren mit PLC-Lab-Runtime	26
2.20	GRAFCET simulieren ohne PLC-Lab-Runtime	27
3	**Lernphasen**	**28**
3.1	Lernphase 1: Schritte und Transitionen	28
3.2	Lernphase 2: Schrittablaufkette	37
3.3	Lernphase 3: Kontinuierlich wirkende Aktion mit Zuweisungsbedingung	42
3.4	Lernphase 4: Speichernd wirkende Aktion	46
3.5	Lernphase 5: Speichernd wirkende Aktion bei einem Ereignis	56
3.6	Lernphase 6: Makroschritt	62
3.7	Lernphase 7: Einschließender Schritt	70
3.8	Lernphase 8: Alternative Verzweigung	78
3.9	Lernphase 9: Parallele Verzweigung	87
3.10	Lernphase 10: Zwangssteuernde Befehle	92
3.11	Typische Fehler vermeiden	105
4	**Umsetzung GRAFCET nach Funktionsplan (FUP)**	**106**
5	**Übungen**	**110**
5.1	Schrittkette für Metallreinigungs-Anlage	111
5.2	Zeitgesteuerte Taktkette	112
5.3	Füllanlage	113
5.4	Betriebsarten-Schalter	114
5.5	Rundschalttisch für einen Filter-Prüfautomaten	115
5.6	Rohstoffe in Trommel füllen und vermischen	116
5.7	Reifen montieren über Montage-Roboter	117
5.8	Abschervorrichtung	118
5.9	Reinigungsbad	119
5.10	Tomograph	120

1 Einleitung

GRAFCET[1] wurde ursprünglich in Frankreich entwickelt. Die Arbeitsgruppe AFCET[2] hatte es sich zur Aufgabe gemacht, ein einheitliches Beschreibungsmittel für die Automatisierung und deren Systeme zu erarbeiten. Das Ergebnis wurde **GRAFCET** bezeichnet. Schlussendlich entstand daraus die europaweit gültige Norm DIN EN 60848. Nach dieser Norm wird GRAFCET folgendermaßen definiert:

GRAFCET ist eine grafische Entwurfssprache für die funktionelle Beschreibung des Verhaltens eines Ablaufteils in einem Steuerungssystem.

Die DIN EN 60848 definiert grafische Symbole, welche in einer eindeutigen Struktur angeordnet werden. Man könnte dies auch als grafische Syntax bezeichnen, ähnlich der Syntax von Operationen in Programmiersprachen.

GRAFCET ersetzt den seit 2002 in Deutschland gültigen Standard DIN 40719-6 (Regeln für Funktionspläne) und ist seit 2005 verpflichtender Bestandteil von Zwischen- und Abschlussprüfungen in der beruflichen Ausbildung von Mechatronikerinnen, Elektronikerinnen, Industriemechanikerinnen und vielen anderen Ausbildungsberufen mit technischem Bezug.

GRAFCET als plattformübergreifende Programmiersprache verwenden

Bisher wird GRAFCET als Beschreibungssprache verwendet, damit sich Fachleute verschiedener Fachdisziplinen miteinander ‚unterhalten' können. Damit kann beispielsweise der Mechaniker dem Steuerungs-Programmierer (SPS-Programmierer) den Ablauf einer Anlage erläutern. Der Programmierer setzt dann den GRAFCET in das Steuerungsprogramm um. Dabei entstehende Unterschiede bzw. Erweiterungen, die meist nicht mehr in den ursprünglichen GRAFCET eingepflegt werden. Optimal wäre es, wenn der GRAFCET direkt als Steuerungsprogramm umgesetzt und in das eingesetzte Steuerungssystem übertragen werden könnte. Damit wäre GRAFCET nicht mehr nur eine Beschreibungssprache, sondern auch eine Programmiersprache. Das Tool GRAFCET-Studio, mit dem die GRAFCETs des Buchs entwickelt und simuliert werden, besitzt diese Möglichkeit in der **Pro-Edition**. Bei dieser Variante des GRAFCET-Studios kann der GRAFCET direkt in eine SPS übertragen werden. Eine händische Umsetzung in die SPS-Programmiersprache ist nicht mehr notwendig. Änderungen im Ablauf werden direkt in GRAFCET eingepflegt und danach entsprechend in die SPS übertragen; der GRAFCET entspricht also immer dem aktuellen Stand in der SPS. Damit genügen die Kenntnisse von GRAFCET für die Programmierung einer SPS.

Damit werden die Möglichkeiten von GRAFCET stark erweitert, weshalb es nochmals an Bedeutung gewinnt.

1.1 Hinweis zu den GRAFCET-Beispielen im Buch

Die im Buch dargestellten GRAFCET-Beispiele und Lösungen sind steuerungstechnisch gesehen nicht immer vollständig und beschreiben unter Umständen nur Teilbereiche einer Gesamtsteuerungsaufgabe. Dinge wie Not-Aus oder Hand-/Automatikbetrieb werden teilweise nicht in den GRAFCET einbezogen, um den Fokus auf die mit dem Beispiel zu erläuternden GRAFCET-Funktionen nicht zu verlieren. In gesonderten Beispielen wird explizit erklärt, wie Not-Aus bzw. Hand-/Automatikumschaltungen realisiert werden könnten.

---

[1] [GRAFCET] **Gra**phe **F**onctionnel de **C**ommande **E**tape **T**ransition

[2] [AFCET] **A**ssociation **F**rancaise pour la **C**ybernétic **E**conomique et **T**echnique

1.2 Wie sollten Sie dieses Buch lesen?

Damit Sie das Buch erfolgreich durcharbeiten können, sollten Sie zuerst das nächste Kapitel lesen: **„Die ersten Schritte mit GRAFCET-Studio"**. Mit der Software GRAFCET-Studio erstellen Sie die GRAFCET-Pläne. Damit das reibungslos klappt, ist eine kurze Einführung in das Bedienkonzept von GRAFCET-Studio notwendig. In den darauffolgenden Kapiteln wird nicht mehr auf die Bedienung von GRAFCET-Studio eingegangen. Es wird dann vorausgesetzt, dass Sie damit den abgedruckten GRAFCET zeichnen können.

Wenn Sie keine praktischen Übungen durchführen wollen, dann können Sie Kapitel 2 überspringen. Das empfehlen wir Ihnen aber nicht.

2 Die ersten Schritte mit dem GRAFCET-Studio

In diesem Kapitel lernen Sie das Bedienkonzept von GRAFCET-Studio kennen. Bitte nehmen Sie sich dafür Zeit. Sie werden dafür auch belohnt, indem Sie GRAFCET-Pläne schneller und mit weniger Fehlern erstellen können.

Hier werden GRAFCET-Begriffe verwendet, die Sie evtl. noch nicht kennen. Diesen Umstand können Sie an dieser Stelle getrost ignorieren, weil es nur darum geht, wie man den GRAFCET-Plan zeichnet. Die einzelnen GRAFCET-Komponenten werden anschließend ausführlich beschrieben und dann ist es wichtig, dass Sie sie zeichnen können.

2.1 Systemvoraussetzungen

Für GRAFCET-Studio ist ein Standard-Windows-Rechner erforderlich, auf dem eines der folgenden Betriebssysteme installiert ist:

- Windows 7, Windows 8.1 oder Windows 10

Dabei spielt die Edition (Home, Pro …) und die Architektur (32 oder 64 Bit) keine Rolle.

2.2 Installation und Aktivierung

Auf der ersten bedruckten Seite dieses Buches finden Sie die Seriennummer für die Software und alle notwendigen Beschreibungen für die Installation und Aktivierung.

Sollten Sie Probleme mit der Software haben, schicken Sie uns eine E-Mail an: **support@mhj.de**

2.3 Verwendung im Buch

Wichtiger Hinweis:

Wenn Sie einen GRAFCET-Plan für eine virtuelle Maschine erstellen möchten, dann müssen Sie das richtige GRAFCET-Studio-Vorlageprojekt öffnen. Dies ist notwendig, damit die Symboliktabelle die richtigen Symbole enthält. Die Vorlageprojekte finden Sie nach der Installation von GRAFCET-Studio in den „Eigenen Dateien" im Ordner „Buch GRAFCET-Workbook". Immer wenn ein GRAFCET-Plan für eine virtuelle Maschine gezeichnet werden soll, dann wird auch angegeben, welche PLC-Lab-Vorlage Sie öffnen müssen. Achten Sie auf diese Symbole:

2 Die ersten Schritte mit dem GRAFCET-Studio

2.4 Bildschirmaufbau

Die wichtigsten Bildschirmelemente von GRAFCET-Studio:

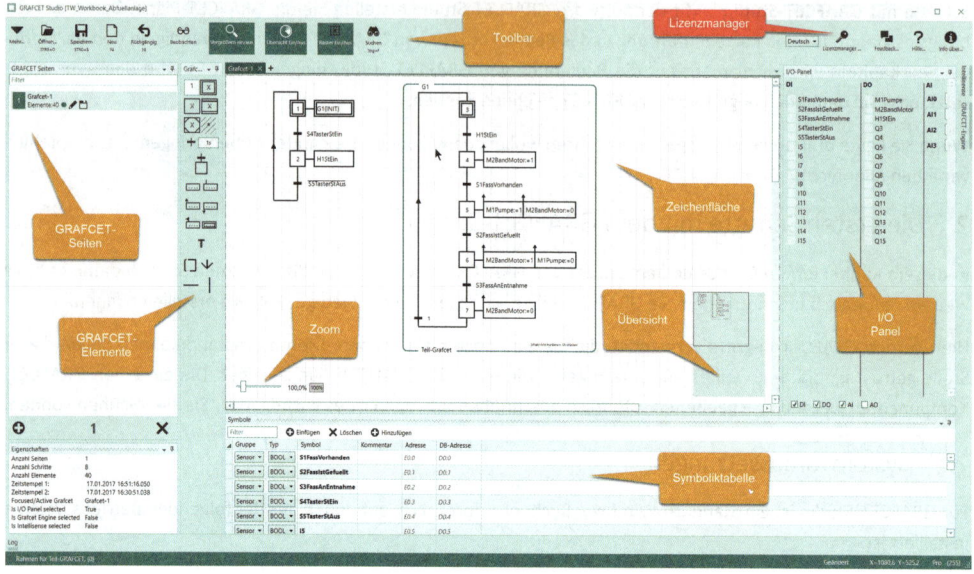

Bild 2.1 Der Bildschirmaufbau von GRAFCET-Studio

Erklärungen:

Toolbar	Auf der Toolbar sind die wichtigsten Befehle für den schnellen Zugriff platziert. Alle Menüpunkte können über das links außen angebrachte Icon (Pfeil nach unten) erreicht werden.
Zeichenfläche	Auf der Zeichenfläche wird der GRAFCET gezeichnet. Unten rechts wird eine Miniaturansicht dargestellt, in der auch navigiert werden kann.
Übersicht	Hier wird eine Miniaturansicht des GRFACET angezeigt. Bei umfangreicheren Projekten behalten Sie so den Überblick.
Zoom	Über den Schieberegler können Sie die Zeichenfläche vergrößern und verkleinern. Den Schieberegler können Sie verbergen, wenn Sie die Schaltfläche „Vergrößern ein/aus" betätigen (siehe Toolbar).
GRAFCET-Seiten	Hier können GRAFCET-Seiten hinzugefügt und gelöscht werden. Die im Buch mitgelieferte Starter-Edition unterstützt nur eine GRAFCET-Seite. Diese Einschränkung ist für das Buch irrelevant. Alle Beispiele und Aufgaben finden auf einer GRAFCET Seite Platz.
IO-Panel	Im IO-Panel werden Eingänge und Ausgänge dargestellt. Digitale Eingänge können mit der Maus manipuliert werden. Bei analogen Eingängen kann man einen Dezimalwert über ein Eingabefeld vorgeben. Digitale und analoge Ausgänge können hier beobachtet werden.
GRAFCET-Elemente	Auf der linken Seite sind die GRAFCET-Elemente untergebracht. Von hier aus können Elemente zur Zeichnung hinzugefügt werden. Tipp: Meist ist es schneller, vorhandene Elemente auf der Zeichnung zu duplizieren (Copy & Paste).
Symboliktabelle	In der Symboliktabelle kann man den Ein- und Ausgängen sinnvolle Namen geben. Von dieser Möglichkeit sollte man ausgiebig Gebrauch machen, um einen möglichst aussagekräftigen GRAFCET zu erstellen. In der Zeichnung können nur Symbole (keine Adressen) eingegeben werden.
Lizenzmanager	Über diese Schaltfläche wird der Lizenzmanager aufgerufen. Damit wird die Software auf dem PC aktiviert oder deaktiviert. Wird die Software nicht aktiviert, ist die Demoversion aktiv.

2.5 Symboliktabelle

In der Symboliktabelle werden den Operandenadressen aussagekräftige Begriffe zugeordnet. Diese Symbole werden dann im GRAFCET verwendet. Normalerweise müssen Sie in dieser Tabelle nichts verändern, da für jede virtuelle Anlage ein Vorlageprojekt mit den passenden Symbolen (bzw. Operanden) bereitsteht.

2.6 Neues Projekt beginnen

Mit der Schaltfläche „Neu" erzeugen Sie ein neues Projekt:

Es wird dann ein neues Projekt mit einer fast leeren Zeichenfläche und einer Standard-Symboliktabelle erzeugt.

Auf der Zeichenfläche wird ein **Initialschritt** platziert. Diesen können Sie verwenden oder auch löschen.

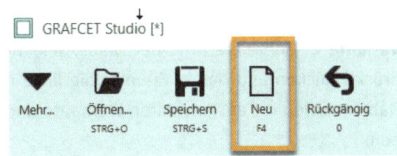

Bild 2.2 Neues Projekt erzeugen mit Schaltfläche „Neu"

Tipp: Wenn Sie die Symboliktabelle eines anderen Projekts als Basis verwenden wollen, dann speichern Sie dieses Projekt unter einem neuen Namen ab und löschen Sie anschließend alle Elemente von der Zeichenfläche. Wählen Sie die Schaltfläche „Mehr…" und anschließend „Speichern unter…". Mit STRG+A markieren Sie alle Elemente auf der Zeichenfläche und mit der Entfernen-Taste können Sie jetzt alle löschen.

Wichtiger Hinweis: Verwenden Sie diese Funktion **nicht** bei **Projektvorlagen** für PLC-Lab-Runtime. Sonst werden die Symbole, die für die virtuellen Anlagen notwendig sind, auf Standardnamen geändert. Stattdessen löschen Sie alle GRAFCET-Elemente auf der Zeichenfläche mit der Tastenkombination [STRG]+[A] (alles markieren) und der Taste [Entfernen].

2.7 GRAFCET-Element einfügen

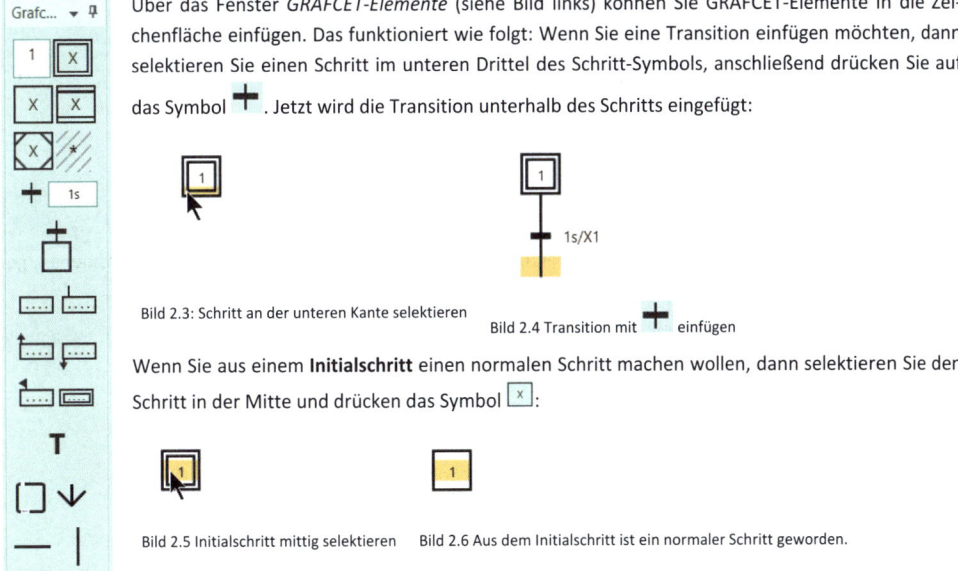

Über das Fenster *GRAFCET-Elemente* (siehe Bild links) können Sie GRAFCET-Elemente in die Zeichenfläche einfügen. Das funktioniert wie folgt: Wenn Sie eine Transition einfügen möchten, dann selektieren Sie einen Schritt im unteren Drittel des Schritt-Symbols, anschließend drücken Sie auf das Symbol ➕. Jetzt wird die Transition unterhalb des Schritts eingefügt:

Bild 2.3: Schritt an der unteren Kante selektieren

Bild 2.4 Transition mit ➕ einfügen

Wenn Sie aus einem **Initialschritt** einen normalen Schritt machen wollen, dann selektieren Sie den Schritt in der Mitte und drücken das Symbol [x]:

Bild 2.5 Initialschritt mittig selektieren   Bild 2.6 Aus dem Initialschritt ist ein normaler Schritt geworden.

Hinweis: Wenn Sie ein Element einfügen und es ist **kein** GRAFCET-Element in der Zeichenfläche selektiert, dann wird das neue Element linksbündig in der Zeichenfläche platziert.

2 Die ersten Schritte mit dem GRAFCET-Studio

Copy & Paste:

Tipp: GRAFCET-Elemente können schneller eingefügt werden, wenn Teile des bereits erstellten GRAFCET kopiert werden. So können Sie auch mehrere zusammenhängende GRAFCET-Elemente duplizieren.

Variante 1: Copy & Paste über die Tastatur: die zu kopierenden Elemente mit der Maus selektieren. Dabei die SHIFT-Taste gedrückt halten, um mehrere Elemente gleichzeitig selektieren zu können. Nun STRG+C drücken für „Kopieren" und anschließend STRG+V für „Einfügen". Jetzt wurden die ausgewählten Elemente dupliziert und Sie können sie nun mit der Maus verschieben.

Variante 2: Duplizieren mit der Maus. Selektieren Sie die gewünschten Elemente. Halten Sie die STRG-Taste gedrückt. Klicken und halten Sie nun die linke Maustaste. Ziehen Sie jetzt die Maus auf die gewünschte Position. Dabei werden die ausgewählten Elemente dupliziert und Sie können sie sofort an die gewünschte Stelle verschieben.

Weiterer Tipp: Über die Tastatur können Sie mit den Cursortasten ein Grafcet-Element selektieren und dann mit der Return-Taste editieren. Die Bedingung einer Aktion können Sie mit F2 editieren. So können Sie sehr schnell Grafcet Terme editieren und müssen nicht ständig zwischen Maus und Tastatur wechseln.

2.8 GRAFCET-Elemente löschen, verschieben

GRAFCET-Elemente werden auf der Zeichenfläche gelöscht, indem sie zuerst selektiert und anschließend mit der Taste „Entfernen" gelöscht werden. Über die „Rückgängig"-Schaltfläche (Toolbar) kann dies rückgängig gemacht werden.

Sie können mit der Maus mehrere Elemente gleichzeitig selektieren, wenn Sie währenddessen die SHIFT-Taste gedrückt halten.

Um ein Element auf der Zeichenfläche zu verschieben, klicken Sie es mit der linken Maustaste an und ziehen es bei gedrückter Maustaste an die gewünschte Stelle.

Weitere Bearbeitungsfunktionen finden Sie im Abschnitt „GRAFCET editieren".

2.9 Schrittfolge mit Transitionen zeichnen

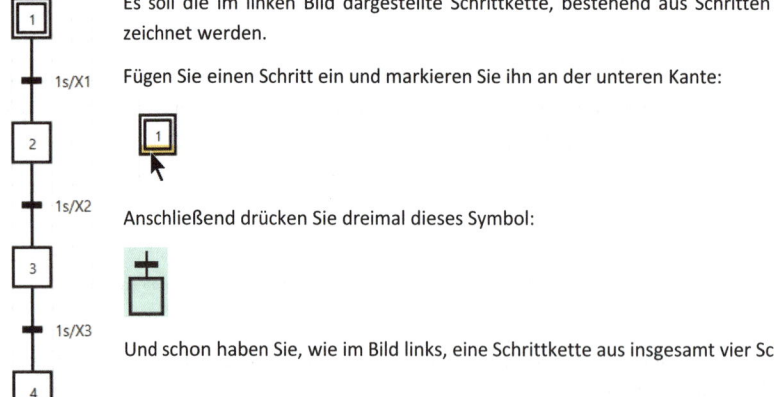

Es soll die im linken Bild dargestellte Schrittkette, bestehend aus Schritten und Transitionen, gezeichnet werden.

Fügen Sie einen Schritt ein und markieren Sie ihn an der unteren Kante:

Anschließend drücken Sie dreimal dieses Symbol:

Und schon haben Sie, wie im Bild links, eine Schrittkette aus insgesamt vier Schritten erzeugt.

2.10 GRAFCET-Terme eingeben

In den folgenden GRAFCET-Elementen werden Terme (Ausdrücke) benötigt:

- Transitionsbedingung: Hier legen Sie die Weiterschaltbedingung fest
- Aktion: Hier legen Sie fest, welche Befehle ausgeführt werden (Wirkungsteil)
- Aktionsbedingung: Eine zusätzliche Bedingung, die erfüllt sein muss, damit die Befehle der Aktion ausgeführt werden.

Bei diesen Termen können folgende Sonderzeichen verwendet werden:

Sonderzeichen	Erklärung	Eingabe mit	
↑	Steigende Flanke	[STRG] + [↑]	
↓	Fallende Flanke	[STRG] + [↓]	
!	Negation	!	Wird als horizontale Linie oberhalb der Variable angezeigt.
≠	Ungleich	!=	

Ein boolescher Ausdruck, der einen Vergleich beinhaltet, muss in **eckiger Klammer** stehen (rechtes Bild):

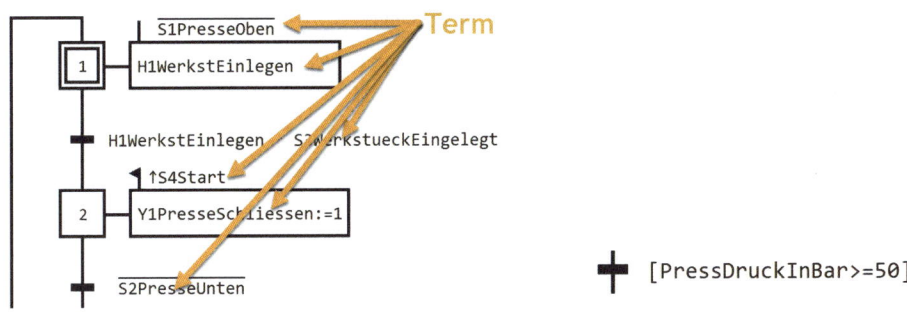

Bild 2.7 Terme im GRAFCET-Plan   Bild 2.8 Ein Vergleich muss in einer eckigen Klammer stehen

Um Symbole schneller und komfortabler eingeben zu können, ist in GRAFCET-Studio eine **Autovervollständigung** (sog. *Intellisense*) eingebaut. Geben Sie die ersten Buchstaben ein und drücken Sie dann die beiden Tasten **[STRG] + [LEERTASTE] gleichzeitig**. Es erscheint ein Fenster (siehe nachfolgendes Bild), in dem Sie das Symbol bequem auswählen (Pfeiltasten) und einfügen ([RETURN]-Taste) können.

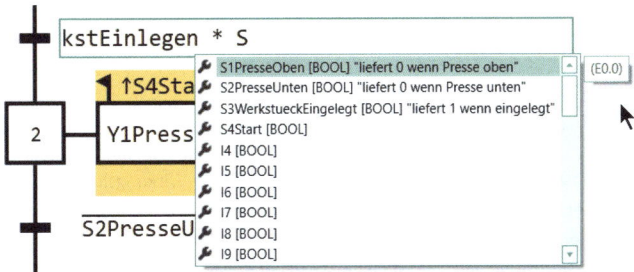

Bild 2.9 Autovervollständigung

2.11 Rückführung

Eine Rückführung kann mit Hilfe von **Wirkungslinien** oder dem **Zielhinweis** (Pfeil, Sprung) realisiert werden:

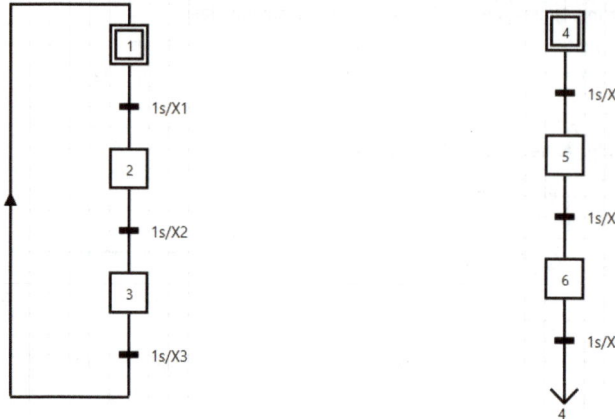

Bild 2.10 Rückführung mit Wirkungslinie   Bild 2.11 Rückführung mit Verweis/Sprung

Nach der Transition *1s/X3* erfolgt die Rückführung zum Schritt *1* mit Hilfe von **Wirkungslinien**.

Nach der Transition *1s/X6* erfolgt die Rückführung mit einem **Zielhinweis**: Pfeilsymbol und Angabe der Zielschrittnummer.

Beide Varianten sind gleichwertig und können sehr schnell gezeichnet werden.

Rückführung mit Wirkungslinien:

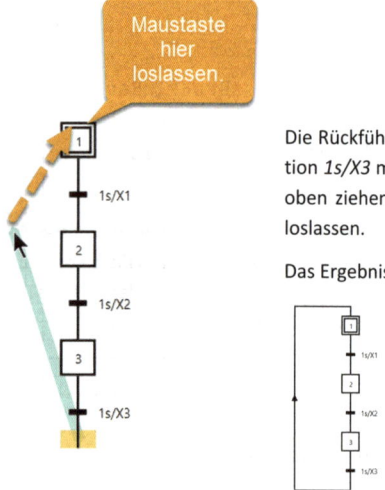

Die Rückführung wird per Drag & Drop gezeichnet: Die untere Kante der Transition *1s/X3* mit der linken Maustaste anklicken, Maustaste gedrückt halten, nach oben ziehen bis zur oberen Kante des Ziel-Schritts und danach die Maustaste loslassen.

Das Ergebnis:

Hinweis 1: Durch die Mausbewegung können Sie beeinflussen, ob die Wirkungslinie über die linke oder rechte Seite noch oben gezeichnet wird (in der Regel ist die linke Seite besser geeignet). Des Weiteren können Sie durch die Mausbewegung bestimmen, wie viel Freiraum zwischen Schrittkette und Rückführung gelassen werden soll. Probieren Sie es aus; mit der Rückgängig-Schaltfläche (Toolbar) können Sie die Rückführung wieder komfortabel entfernen.

Hinweis 2: Der Startpunkt kann auch ein Schritt sein. In diesem Fall wird aber noch eine Transition mit der Bedingung *1* eingefügt, weil sich Schritt und Transition immer abwechseln müssen.

2 Die ersten Schritte mit dem GRAFCET-Studio

Hinweis 3: Die Rückführung wird nur gezeichnet, wenn das Startelement (Transition oder Schritt) und der Zielschritt senkrecht übereinanderstehen (gleiche X-Position).

Wenn das nicht der Fall ist, sollte die zweite Variante verwendet werden:

Rückführung mit Zielhinweis (Sprung):

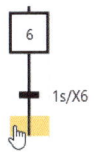 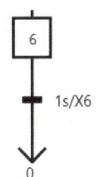 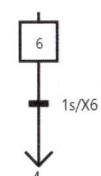

Transition an der unteren Kante markieren.

Sprung bzw. Zielhinweis mit ↓ einfügen. Es wird 0 voreingetragen. Dies muss geändert werden. Oder [Strg] über die Tastatur drücken.

Die 0 anklicken, kurze Zeit verweilen, und anschließend kann die Bezeichnung des Ziel-Schritts geändert werden.

2.12 Aktionen

Die nachfolgenden Bilder zeigen, wie Aktionen angeordnet werden können:

Bild 2.12 Eine (1) Aktion ist mit einem Schritt verbunden.

Bild 2.13 Mehrere Aktionen sind mit einem Schritt verbunden. Horizontale Anordnung.

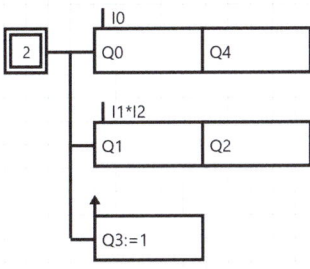

Tipp: Wenn Sie Aktionen, wie im Bild links, untereinander anordnen, kann die linke Aktion einfach nach oben verbunden werden, indem Sie aus dem Kontextmenü der Aktion (rechte Maustaste drücken) den Befehl **Aktion verbinden** verwenden. Bei der obersten Reihe sollte dann, wie im Bild, zwischen Schritt und Aktion zwei Raster Platz vorhanden sein.

Bild 2.14: Mehrere Aktionen sind mit einem Schritt verbunden. Horizontale und vertikale Anordnung.

Um eine Aktion zu platzieren, selektiert man den gewünschten Schritt und drückt anschließend im Fenster *GRAFCET-Elemente* eine Aktion-Schaltfläche. Sie können mehrere Aktionen einfügen, indem Sie mehrmals auf die Aktion-Schaltfläche klicken. Die Aktionen werden dann in einer Reihe **horizontal** angeordnet. Wenn Sie eine gemischte Anordnung (horizontal und vertikal) vorziehen, dann können Sie die Aktionen mit Wirkungslinien verbinden (siehe Bild rechts):

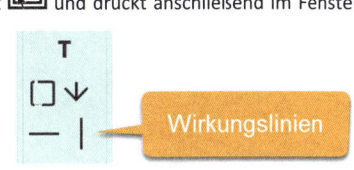

Bild 2.15 Wirkungslinien zeichnen

2 Die ersten Schritte mit dem GRAFCET-Studio

2.13 Alternative Verzweigung

Nachfolgend sehen Sie zwei alternative Verzweigungen. In diesem Abschnitt wird gezeigt, wie man sie zeichnet.

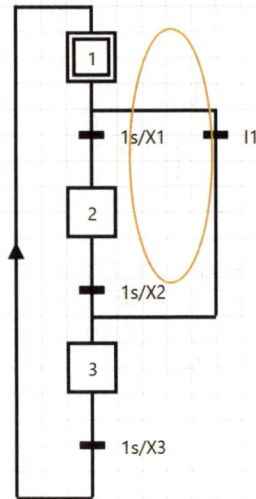

Bild 2.16: **Beispiel 1**

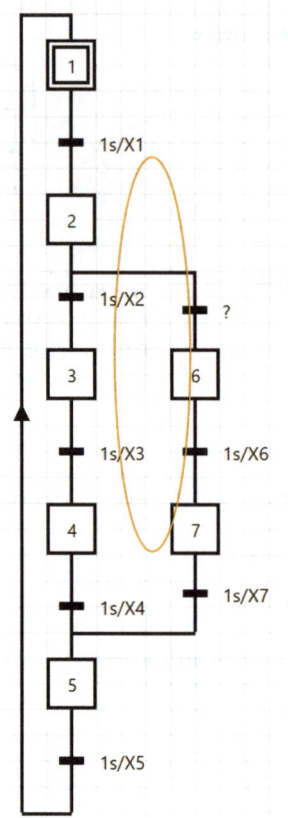

Bild 2.17: **Beispiel 2**

2 Die ersten Schritte mit dem GRAFCET-Studio

Wie wird Beispiel 1 (linkes Bild) gezeichnet?

Per Drag & Drop wird die Abzweigung eingefügt, indem man die obere Kante der ersten Transition mit der linken Maustaste anklickt, die Maustaste gedrückt hält, nach unten zieht und bei der unteren Kante der zweiten Transition die Maustaste wieder loslässt:

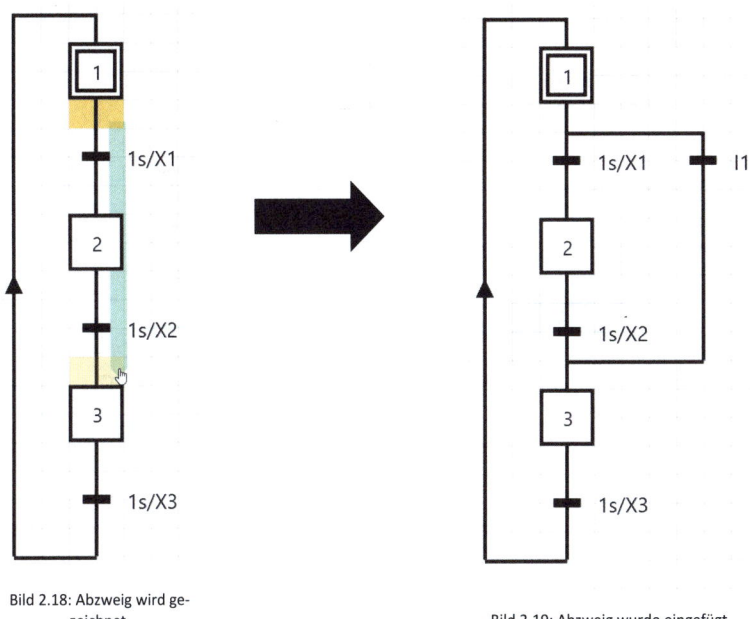

Bild 2.18: Abzweig wird gezeichnet.

Bild 2.19: Abzweig wurde eingefügt.

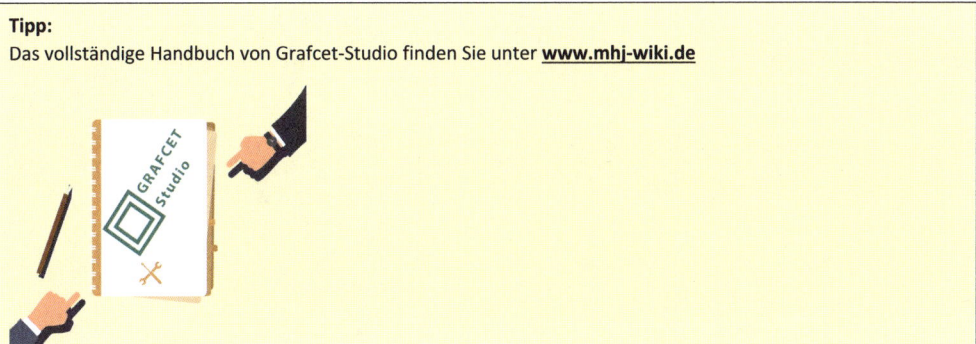

Tipp:
Das vollständige Handbuch von Grafcet-Studio finden Sie unter **www.mhj-wiki.de**

2 Die ersten Schritte mit dem GRAFCET-Studio

Wie wird Beispiel 2 gezeichnet?

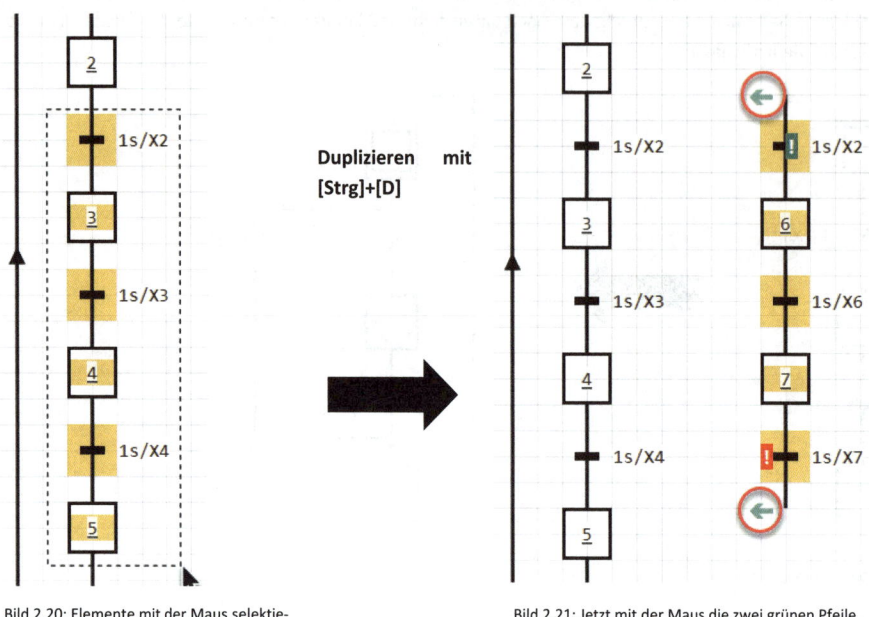

Bild 2.20: Elemente mit der Maus selektieren und anschließend duplizieren mit [Strg]+[D]

Bild 2.21: Jetzt mit der Maus die zwei grünen Pfeile anklicken

Vor dem Klicken auf die zwei Pfeile kann der Zweig mit **[Strg] [→]** oder **[Strg] [←]** verschoben werden.

Jetzt müssen Sie nur noch die Transitionen nach Bedarf anpassen.

2.14 Makroschritt und eingeschlossener Schritt

Lesen Sie in diesem Abschnitt, wie man einen Makroschritt und einen eingeschlossenen Schritt zeichnet.

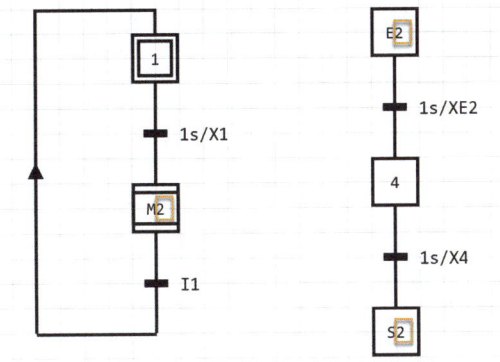

Bild 2.22: Makroschritt und dessen Expansion

Mit dem Fenster *GRAFCET-Elemente* kann ein Makroschritt gezeichnet werden. Der Makroschritt wird durch dessen „Expansion" definiert.

Zeichnen Sie die Ausgangssituation (2. Schritt mit „M2" bezeichnen) und fügen Sie anschließend einen neuen Schritt ein. Der neue Schritt wird dann mit der Maus nach rechts verschoben:

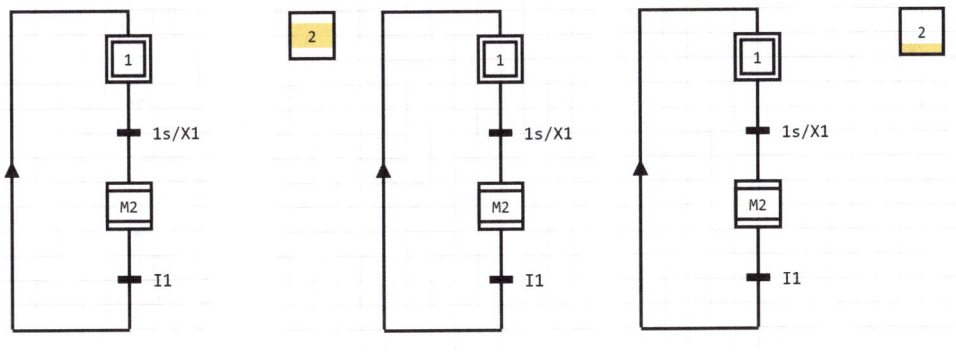

Bild 2.23: Ausgangssituation

Bild 2.24: Nichts ist selektiert. Ein normaler Schritt wird mit [x] eingefügt.

Bild 2.25: Der neue Schritt wird mit der Maus nach rechts verschoben **und an der unteren Kante markiert**.

Drücken Sie nun zweimal die Schritt-Transition-Kombination [±].

2 Die ersten Schritte mit dem GRAFCET-Studio

Die Zeichnung sollte jetzt wie folgt aussehen. Jetzt muss die Schrittbezeichnung von Schritt 2 und Schritt 4 wie folgt geändert werden:

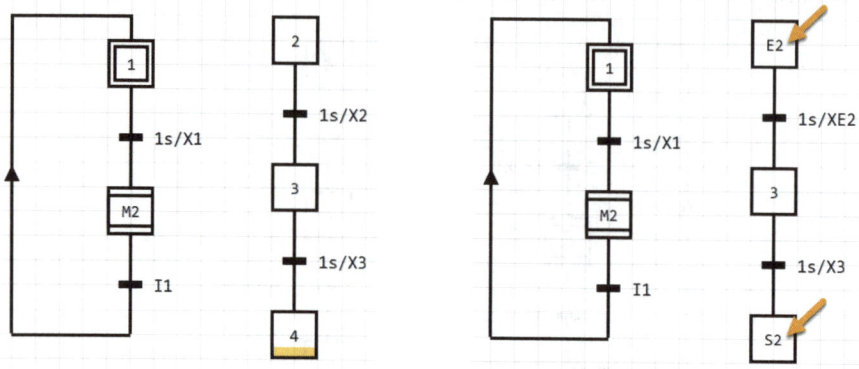

Bild 2.26: Schritt 2 und Schritt 4 vor der Änderung   Bild 2.27: Nach der Änderung

Der obere Schritt muss die Bezeichnung *E2* und der untere Schritt die Bezeichnung *S2* erhalten.

Der nachfolgende Schritt mit dem Rahmen ist <u>optional</u>. Der Rahmen ist beim Makroschritt nicht notwendig:

Jetzt fügen wir den Rahmen ein. In den *GRAFCET-Elementen* wird der Button gedrückt:

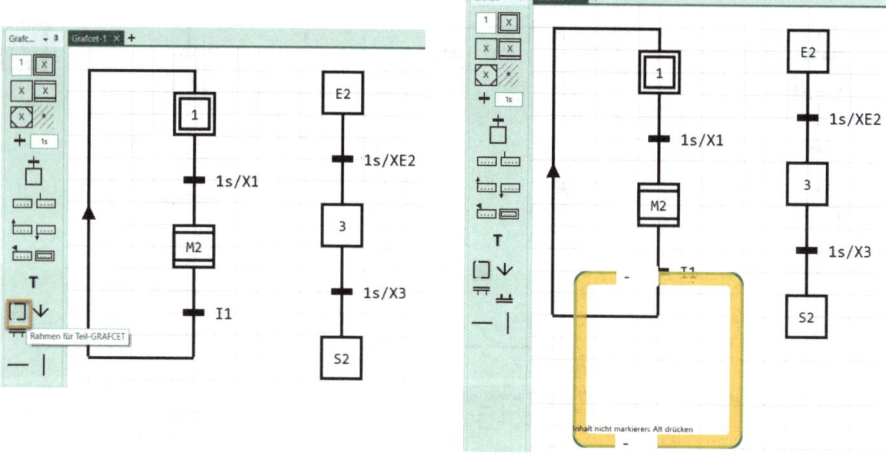

Bild 2.28: Button „Rahmen" wird gedrückt.   Bild 2.29: Rahmen wird eingefügt.

<u>Wichtiger Hinweis</u>: Wenn der Rahmen eingefügt wird, dann ist er bereits selektiert. Jetzt ist es wichtig, dass Sie den Rahmen mit der Maus **sofort** an die richtige Stelle verschieben. Der Grund: Der Rahmen hat die Eigenschaft, dass innenliegende Elemente immer mit ihm verschoben werden. Dieses Verhalten können Sie bei Bedarf abschalten, indem Sie beim Anklicken des Rahmens die ALT-Taste gedrückt halten. Dieses Verhalten wird erst aktiv, wenn der Rahmen vergrößert wird.

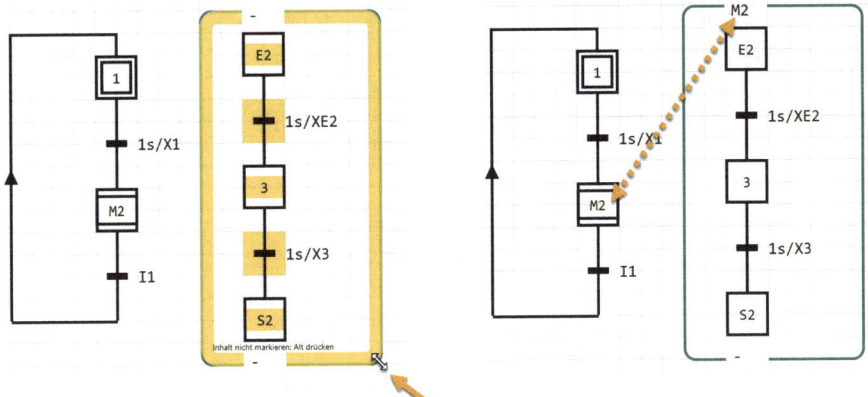

Bild 2.30: Den Rahmen können Sie an der rechten unteren Ecke in der Größe ändern.

Bild 2.31: Die Rahmenbezeichnung der Expansion muss der Schrittbezeichnung des Makroschritts entsprechen. Wie schon erwähnt, der Rahmen kann beim Makroschritt auch weggelassen werden.

Auf die gleiche Art und Weise wird auch ein **einschließender Schritt** gezeichnet:

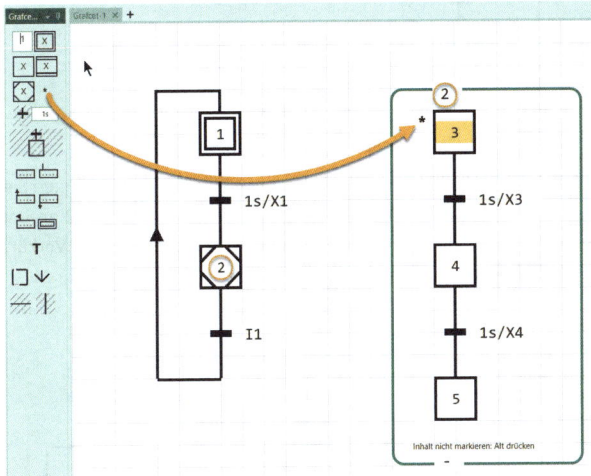

Bild 2.32: Einrichten einer Aktivierungsverbindung

Der einschließende Schritt benötigt die sog. **Aktivierungsverbindung** („*"): Markieren Sie Schritt 3 und drücken Sie den Button * . Anschließend wird der Schritt entsprechend markiert.

Bei einem einschließenden Schritt ist der Rahmen zwingend erforderlich!

2.15 Parallele Verzweigung (Synchronisierung)

Die folgende parallele Verzweigung soll gezeichnet werden:

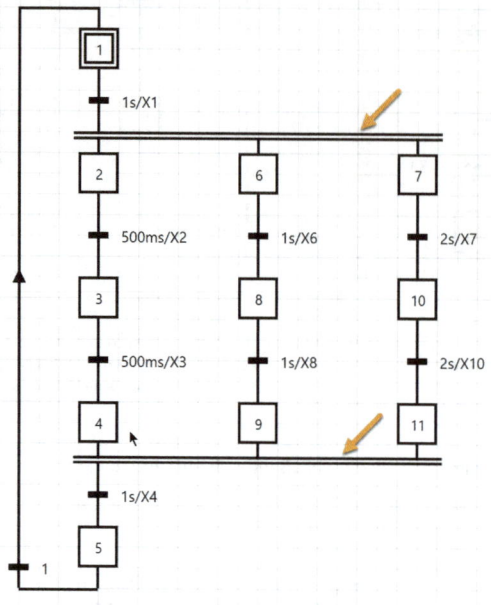

Bild 2.33: Beispiel einer Parallelverzweigung

Zuerst zeichnen wir die Schrittkette, bestehend aus Schritt *1* bis *5* (linkes Bild). Erzeugen Sie Schritt *6* und *7* durch Duplikation mit der Maus: Halten Sie die *STRG*-Taste gedrückt, klicken Sie Schritt *2* an und ziehen Sie die Maus nach rechts. Dadurch wird ein neuer Schritt erzeugt. Erzeugen Sie so auch Schritt *7*. Verkürzen Sie die Wirkungslinie der Transition wie im rechten Bild zu sehen ist:

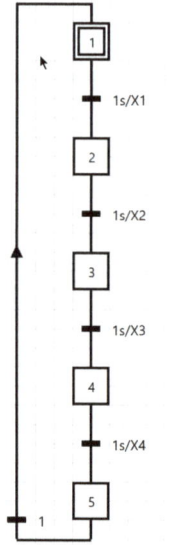 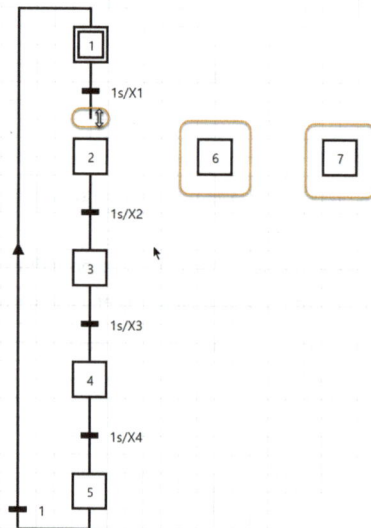

Bild 2.34: Schrittkette mit Schritt *1* bis Schritt *5*

Bild 2.35: Transition würde verkürzt. Schritt *6* und Schritt *7* sind hinzugekommen.

Jetzt erzeugen wir die Synchronisierung mit der Maus: Auf die obere Kante von Schritt *7* klicken, Maustaste gedrückt halten und nach links zu Schritt *6* ziehen (Bild links):

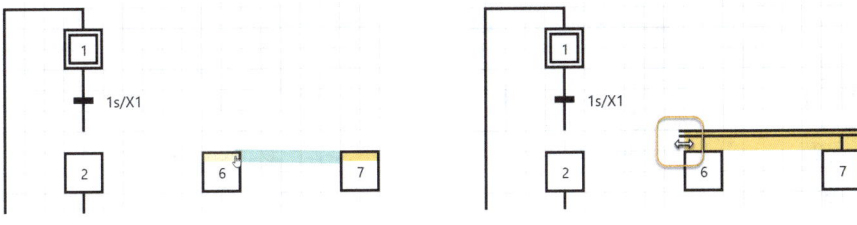

Bild 2.36: Schritt 7 und Schritt 6 verbinden   Bild 2.37: Doppellinie verlängern

Verlängern Sie nun mit der Maus die Synchronisierung nach links. Der obere Teil der Synchronisierung ist damit fertiggestellt:

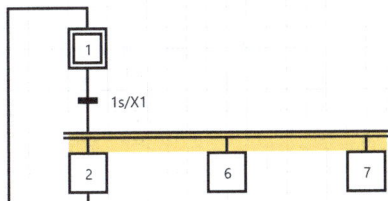

Bild 2.38: Oberer Bereich ist fertiggestellt.

An Schritt *6* und *7* werden nun Transitionen und weitere Schritte angeschlossen. Markieren Sie die untere Kante von Schritt *6* und drücken Sie zweimal die Schaltfläche Transition + Schritt:

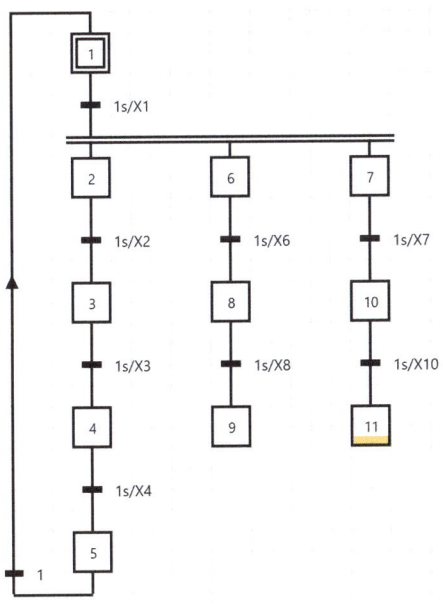

Ergänzen Sie in der gleichen Art und Weise Schritt *7*. Der GRAFCET sieht nun wie folgt aus:

Jetzt fehlt noch die untere Synchronisierung: Klicken Sie auf die untere Kante von Schritt *11* und halten Sie die Maustaste gedrückt. Ziehen Sie die Maus nach links und lassen Sie die Maustaste über der unteren Kante von Schritt *9* wieder los.

Bild 2.39: Die Schritte 11, 9 und 4 müssen noch verbunden werden.

2 Die ersten Schritte mit dem GRAFCET-Studio

Die doppelte Wirkungslinie wird nun eingefügt und muss nur noch nach links verlängert werden.

Außerdem muss der Anschluss der Transition unterhalb von Schritt *4* nach unten verschoben werden:

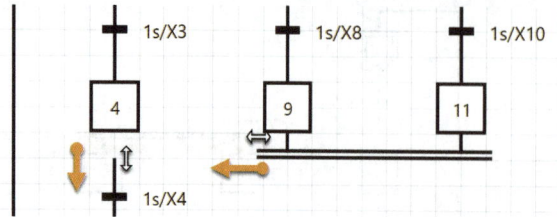

Bild 2.40: Die Doppellinie wird nach links verlängert.

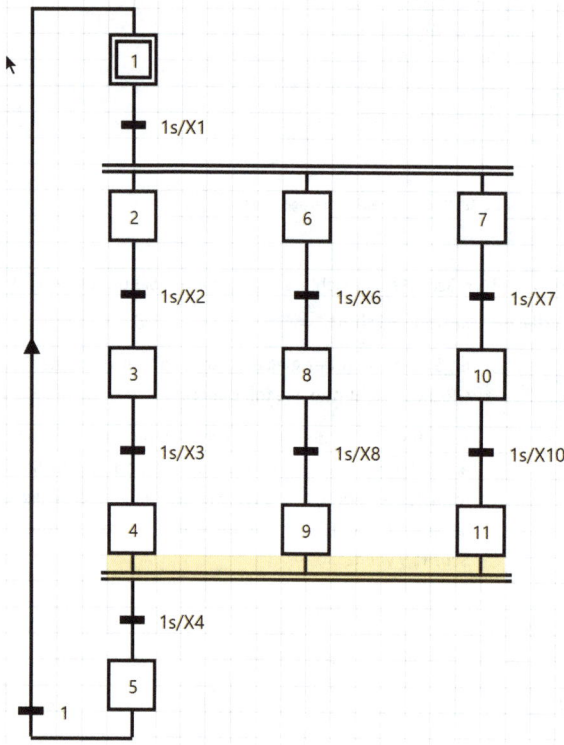

Der GRAFCET-Plan ist nun fertiggestellt:

Wichtiger Hinweis: Der obere und der untere Teil der Parallelverzweigung bzw. der Synchronisierung sind unterschiedliche Objekte in GRAFCET-Studio. Es wäre ein Fehler, wenn Sie den oberen Teil duplizieren und unten ebenfalls verwenden!

Bild 2.41: Beispiel fertig gezeichnet

2.16 Zwangssteuerung

Die zwangssteuernden Befehle werden wie Aktionen gezeichnet:

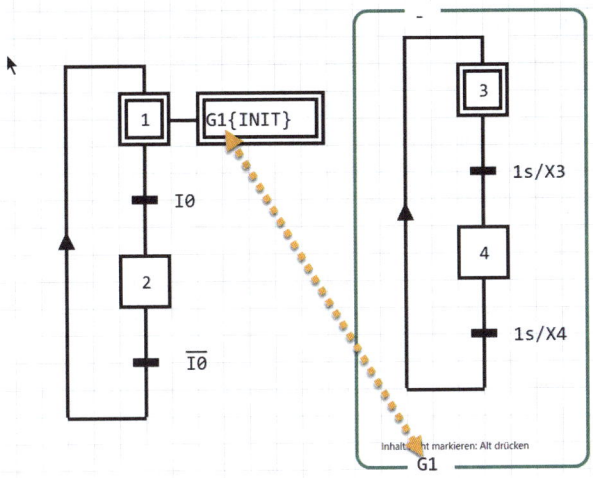

Bild 2.42: Beispiel einer Zwangssteuerung

Im obigen Beispiel wird der Teil-GRAFCET *G1* zwangsgesteuert. Es muss sichergestellt sein, dass dieser Teil-GRAFCET vorhanden ist (untere Beschriftung des Rahmens).

2.17 GRAFCET editieren

Jedes GRAFCET-Element kann auf der Zeichenfläche frei verschoben werden. Dazu klickt man das Element mit der linken Maustaste an, hält die Maustaste gedrückt und zieht es zu der gewünschten Position. Bei Schritten und Transitionen muss das Element in der Mitte angeklickt werden, damit man es verschieben kann.

Folgende Funktionen helfen, den GRAFCET schnell und komfortabel zu zeichnen:

Markieren von mehreren Elementen:

Variante 1: Klicken Sie jedes zu markierende Element an und halten Sie dabei die Umschalt-Taste (SHIFT-Taste) gedrückt.

Variante 2: Ziehen Sie mit der Maus einen Rahmen auf. Alle Elemente, die sich innerhalb des Rahmens befinden, werden markiert.

Um alle Markierungen zu entfernen, klicken Sie mit der Maus auf eine freie Stelle in der Zeichenfläche.

Das nächste Element auf der Zeichenfläche markieren:

Wenn ein (1) Element selektiert ist, dann können Sie mit den Cursortasten ←, ↑, →, ↓ das nächste Element selektieren. Mit der RETURN-Taste oder durch ‚anklicken und verweilen' können Sie z.B. eine Schrittnummer ändern oder den Term einer Transition ändern.

Elemente auf der Zeichenfläche vergrößern/verkleinern:

Manchmal ist es beim Editieren hilfreich, die Elemente auf der Zeichenfläche zu verkleinern oder zu vergrößern. Dies können Sie mit dem Schieberegler in der Statusbar bewerkstelligen oder mit dem **Mausrad** bei gedrückter STRG-Taste.

2 Die ersten Schritte mit dem GRAFCET-Studio

Alles markieren mit STRG+A:

Drücken Sie STRG+A auf der Tastatur. Danach sind alle Elemente markiert (sollte die Tastenkombination nicht funktionieren, dann klicken Sie einmal auf die Zeichenfläche, damit sie den Tastatureingabefokus erhält).

Anschließend können Sie beispielsweise alle Elemente auf der Zeichenfläche verschieben.

Kopieren und Einfügen über die Tastatur:

Die Tastenkombination STRG+C kopiert alle markierten Elemente in die Zwischenablage. Mit der Tastenkombination STRG+V können Sie dann eine Kopie anfertigen. Nach dem Kopieren sind alle neu erzeugten Elemente markiert, sodass Sie die Elemente mit der Maus an die gewünschte Position ziehen können. Mit STRG+D können Sie in einem Schritt Kopieren und Einfügen (Duplizieren).

Kopieren mit der Maus:

Klicken Sie mit der linken Maustaste auf ein Element und halten Sie dabei die STRG-Taste gedrückt. Danach die linke Maustaste gedrückt halten und auf die gewünschte Position verschieben. Bei diesem Vorgang werden alle markierten Elemente dupliziert.

Tipp: Meist ist es beim Zeichnen schneller, wenn Sie neue Elemente einfach von dem bereits vorhandenen GRAFCET kopieren, weil die Mauszeigerwege dann kürzer sind. Probieren Sie es einfach mal aus.

Navigieren über die Tastatur:

Mit den Cursortasten ←, ↑, →, ↓ kann man Grafcet-Elemente selektieren/markieren und mit RETURN kann editiert werden. Eine Aktionsbedingung kann mit F2 editiert werden. Über dieses Feature ist das Editieren weit aus bequemer als ständig zwischen Maus und Tastatur zu wechseln.

Verschieben über die Tastatur:

Drückt man die Taste STRG und gleichzeitig eine der Cursortasten ←, ↑, →, ↓, dann werden alle markierten Elemente um ein Raster verschoben.

Aktionen Rückgängig machen:

Über die Tastenkombination STRG+Z oder über das entsprechende Icon in der Toolbar können die letzten Aktionen rückgängig gemacht werden. Dies ist sehr nützlich, wenn Sie z.B. versehentlich Elemente gelöscht haben oder wenn eine Rückführung unerwartet gezeichnet worden ist. In diesem Fall wird die gesamte Rückführung gelöscht und man kann sie nochmals zeichnen.

Wirkungslinien verlängern:

Wenn sich Wirkungslinien überlappen, ist es manchmal hilfreich, eine Wirkungslinie in den Vordergrund zu stellen. Dazu klickt man die Wirkungslinie mit der **rechten Maustaste** an und wählt „In den Vordergrund". Anschließend kann man die Wirkungslinie in der Länge verändern.

Bild 2.43: Element in den Vordergrund stellen

Bild 2.44: Die Länge einer Wirkungslinie ändern

2.18 Fehler beheben

Fehler im GRAFCET-Plan werden durch ein **rotes Ausrufezeichen** gekennzeichnet. Der GRAFCET-Plan wird geprüft, sobald die Schaltfläche „Beobachten" gedrückt oder die Überprüfung über das Kontextmenü (rechte Maustaste) veranlasst wird:

Bild 2.45: „Beobachten"-Button

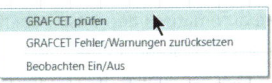

Bild 2.46: Das Kontextmenü kann über die rechte Maustaste aufgerufen werden.

Beispiel einer Fehlermeldung:

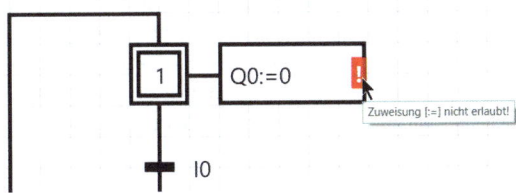

Bild 2.47: Fehler bei einer Aktion

Die Fehlerursache wird angezeigt, wenn man den Mauszeiger auf dem Ausrufezeichen platziert und dort verweilt.

Ein **grünes Ausrufezeichen** (Warnung) erscheint, wenn auf der Zeichenfläche ein GRAFCET-Objekt vorhanden ist, welches nicht verbunden ist:

Beispiel:

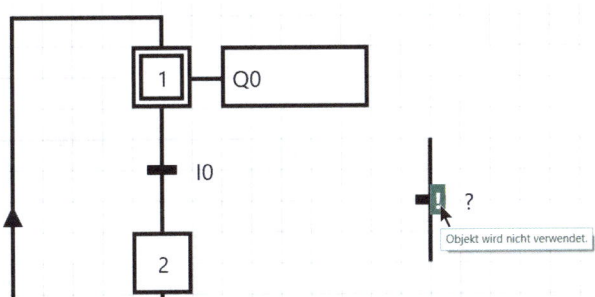

Bild 2.48: Warnung bei einer Transition

Wenn höchstens Warnungen vorhanden sind, kann der GRAFCET simuliert werden.

Sind Fehler vorhanden (rote Ausrufezeichen), kann nicht simuliert werden – sie müssen behoben werden.

2.19 GRAFCET simulieren mit PLC-Lab-Runtime

Für alle Übungsaufgaben in diesem Buch wird eine virtuelle Anlage bereitgestellt. Jede virtuelle Anlage hat Sensoren (z.B. Näherungsschalter) und Aktoren (z.B. Motor, Lampe). Der Zustand der Sensoren wird in die Eingänge geschrieben und die Werte der Ausgänge werden in die Aktoren übertragen. Dies bedeutet, dass Sie bei der Simulation des GRAFCET die Eingänge nicht von Hand beeinflussen müssen: Wenn z.B. ein Zylinder ausfährt, dann wird in der vorderen Endlage automatisch der entsprechende Sensor betätigt und somit auch der mit dem Sensor verbundene Eingang umgeschaltet. Somit können Sie sich ganz auf den GRAFCET und die Simulation konzentrieren – wie bei einer **virtuellen Inbetriebnahme** der Maschine.

Damit das alles funktioniert wie von uns (den Autoren) geplant, müssen Sie folgendes beachten:

- Starten Sie GRAFCET-Studio und öffnen Sie das **richtige Vorlageprojekt** (Ordner *GRAFCET-Workbook* in den „eigenen Dateien"). Dann sind die notwendigen Symbole bzw. Operanden bereits vorhanden.
- Starten Sie PLC-Lab-Runtime und öffnen Sie die **richtige Maschine aus dem Projektbaum (Knoten GRAFCET-Workbook).** In der Ziel-Auswahlliste (siehe Bild unten) muss **„S7AG (WinSPS-S7)"** eingestellt sein. Um die Simulation der virtuellen Anlage zu starten, muss man die Schaltfläche „RUN" betätigen. Starten Sie **immer zuerst die virtuelle Anlage** und drücken Sie **anschließend die Beobachten-Schaltfläche in GRAFCET-Studio**. So ist sichergestellt, dass die Eingänge beim Starten des GRAFCETs die richtigen Zustände haben.

Bei jeder Übung finden Sie diese Angaben:

 Name-xy.plclab    Name-xy.grafcet

Mit diesen Angaben wissen Sie, **welche Maschine und welche GRAFCET-Studio-Vorlage die Richtige ist**.

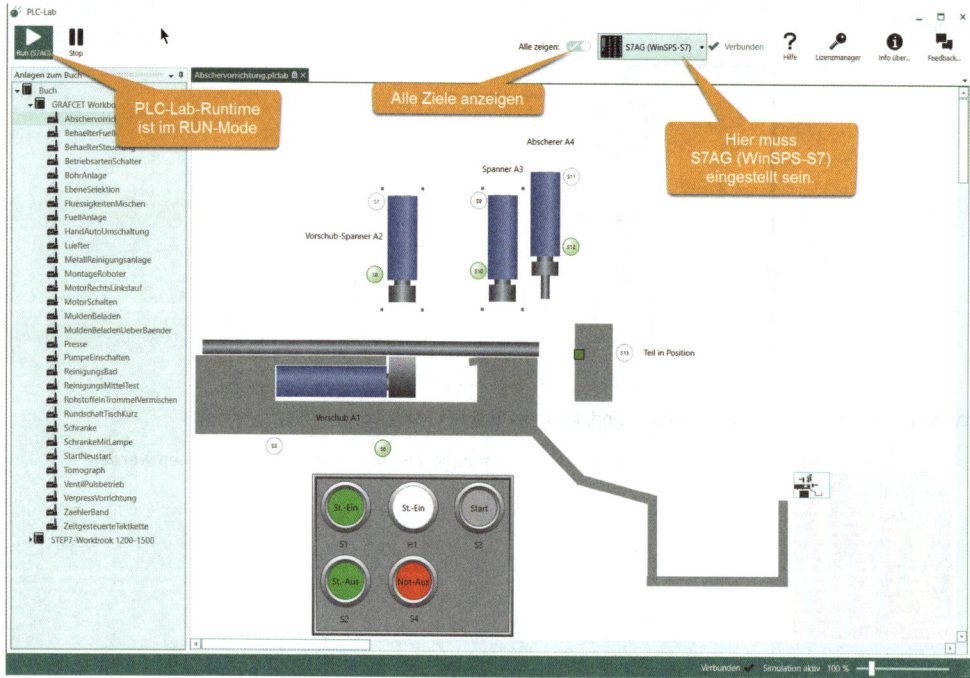

Bild 2.49: PLC-Lab-Runtime im RUN Modus. Als Ziel ist „S7AG (WinSPS-S7)" eingestellt.

2.20 GRAFCET simulieren ohne PLC-Lab-Runtime

Grundsätzlich können Sie einen GRAFCET-Plan ohne PLC-Lab-Runtime ablaufen lassen bzw. simulieren. Um die Eingänge zu setzen und die Ausgänge beobachten zu können, steht das Fenster „I/O-Panel" zur Verfügung:

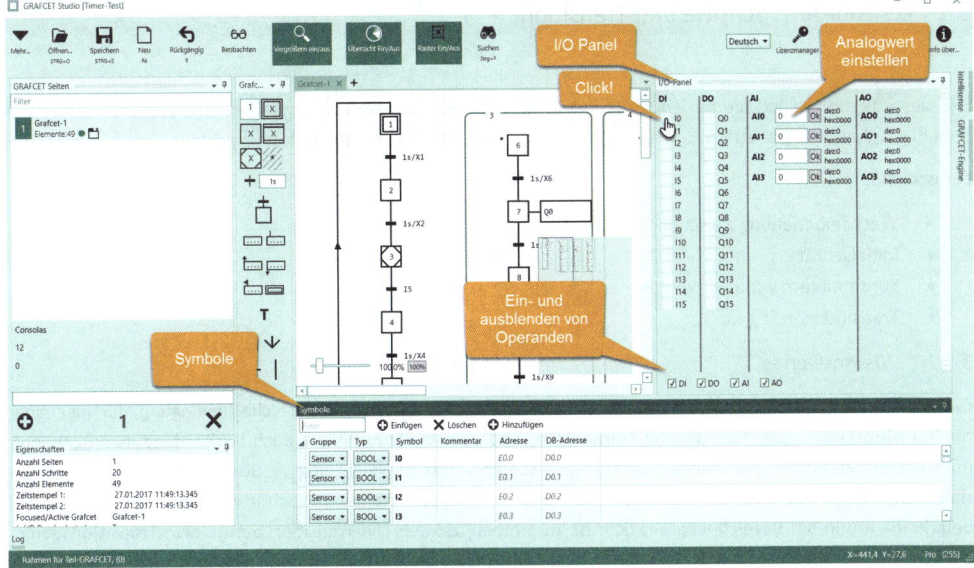

Bild 2.50: I/O-Panel mit Ein- und Ausgängen

Im I/O-Panel werden die Ein- und Ausgänge der Symboliktabelle dargestellt. Über die Schalter *DI, DO, AI, AO* können Sie die Operandenarten (Digital Input, Digital Output, Analog Input und Analog Output) ein- und ausblenden. Den Zustand (*1* oder *0*) eines digitalen Eingangs können Sie über einen Mausklick verändern. Den Wert eines analogen Eingangs können Sie über ein Eingabefeld dezimal vorgeben.

Wichtiger Hinweis: Sobald PLC-Lab-Runtime gestartet ist und sich im Modus „RUN" befindet, können Sie in diesem Fenster **nicht** mehr die Eingänge beeinflussen, da in diesem Fall die Eingänge von der **virtuellen Maschine** beschrieben werden.

Wenn Sie die Übungsaufgaben in diesem Buch zusammen mit PLC-Lab-Runtime bearbeiten, dann **wird dieses Fenster nicht benötigt.**

3 Lernphasen

Es folgen 10 Lernphasen zum Selbststudium. Es ist empfehlenswert, die Lernphasen der Reihe nach zu bearbeiten. **Die Übungen am Ende des Buches setzen voraus, dass Sie alle Lernphasen sinngemäß verstanden haben.**

3.1 Lernphase 1: Schritte und Transitionen

3.1.1 Lernziel

Ziel dieser Lernphase ist, die Beziehung zwischen **Schritt** und **Transition** zu verstehen. Des Weiteren werden in dieser Lernphase die **Transitionsbedingung** und die **kontinuierlich wirkende Aktion** vorgestellt.

Lernschritte:

- Wechselbeziehung zwischen Schritt und Transition
- Initialschritt
- Kontinuierlich wirkende Aktion
- Transitionsbedingung

3.1.2 Wissenswertes

Die Struktur eines GRAFCET besteht mindestens aus einem **Schritt** und der **Weiterschaltbedingung**, der sogenannten **Transition** (**Bild** 3.1). Schritte und Transitionen sind über **Wirkungslinien**, auch Wirkverbindungen genannt, miteinander verbunden. Die Schrittbezeichnung im Schrittsymbol ist gleichzeitig die Bezeichnung für die **Schrittvariable** vom Typ *Boolean* und hat die Werte *True* = **aktiv** oder *False* = **inaktiv**. Die Schrittvariable setzt sich dabei aus dem Präfix X und der Bezeichnung des Schritts zusammen, z.B. *X1*. Die Transition besitzt eine **Transitionsbedingung**, auch Übergangsbedingung genannt. Hat die Transitionsbedingung als Ergebnis den Wert *False*, dann erfolgt keine Weiterschaltung und der darüber angeordnete Schritt bleibt aktiv. Wechselt das Ergebnis der Transitionsbedingung auf den Wert *True*, dann wird der Übergang zum **darauffolgenden Schritt** ausgeführt. Dies hat zur Folge, dass der vorangegangene Schritt inaktiv und der nachfolgende Schritt aktiv wird. Im Beispiel findet so der Übergang vom Initialschritt *1* zum Schritt *2* statt, wenn der Operand *S1Start = True* ist und zuvor der Initialschritt *1* aktiv war.

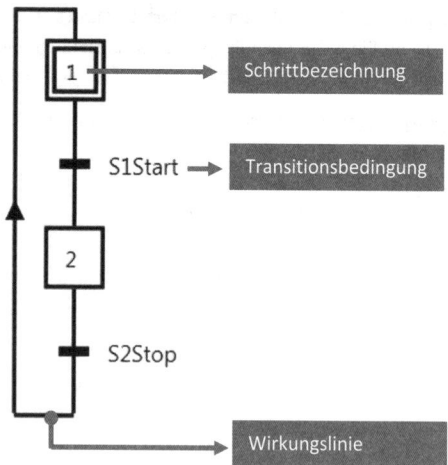

Bild 3.1 Die Wechselbeziehung zwischen Schritt und Transition

Ein GRAFCET enthält immer mindestens einen **Initialschritt**, auch **Anfangsschritt** genannt. Dieser Initialschritt wird aktiv, sobald der GRAFCET gestartet wird. Der Schritt ist also Teil der sog. **Anfangssituation**.

Endet eine GRAFCET-Struktur mit einem Schritt, so wird er als **Schluss-Schritt** bezeichnet. Endet eine GRAFCET-Struktur mit einer Transition, so wird sie als **Abschlusstransition** bezeichnet.

Schrittbezeichnung und Schrittvariable:

Die Schrittbezeichnung im Schrittsymbol (innerhalb des Rechtecks) ist auch der Name für die Schrittvariable. Der Zugriff auf die Schrittvariable erfolgt mit Hilfe des Präfix **X**. So erfolgt beispielsweise der Zugriff auf die Schrittvariablen der Schritte 1, 2 und 3 über die Schrittvariablen mit der Bezeichnung X1, X2 und X3. In **Bild** 3.2 wurde der zweite Schritt mit der Schrittbezeichnung *2a* benannt; somit hat die Schrittvariable die Bezeichnung *X2a*.

Die Schrittbezeichnung beginnt immer mit einer Zahl.

Transitionsbedingung:

Das Ergebnis der Transitionsbedingung einer Transition bestimmt den **Übergang**, sobald die Transition **freigegeben** ist. Ist eine Transition freigegeben und liefert die Transitionsbedingung den Wert *True*, dann wird der Übergang zum nachfolgenden Schritt ausgeführt, anderenfalls nicht.

Im Beispiel **Bild** 3.2 bleibt der Initialschritt *1* so lange aktiv, bis die Transitionsbedingung *1s/X1* das Ergebnis *True* liefert. Ist der Initialschritt *1* aktiv, dann ist die ihm nachfolgende **Transition freigegeben**. Dies ist die erste Voraussetzung für den Übergang. Mit der Freigabe der Transition wird nur noch das Ergebnis *True* der Transitionsbedingung als zweite Voraussetzung benötigt.
Wurde der Schritt *2a* aktiviert, dann ist die ihm nachfolgende Transition freigegeben. Sobald das Ergebnis der Transitionsbedingung *1s/X2a* auf *True* wechselt, wird der Schritt *2a* inaktiv und über die Wirkungslinie der Initialschritt *1* aktiviert.

Innerhalb der Transitionsbedingungen kommen die Schrittvariablen der beiden Schritte *1* und *2a* zum Einsatz. Wie oben erwähnt, wird dabei die Schrittbezeichnung über das Präfix X erweitert. Die Transitionsbedingung *1s/X1* ist durch eine Zeitangabe verzögert. Diese liefert als Ergebnis den Wert *True*, wenn der Schritt *1* für mind. eine Sekunde aktiv ist. Auf Transitionsbedingungen mit Schrittvariablen und Zeitbedingungen wird im weiteren Verlauf des Buches noch explizit eingegangen.

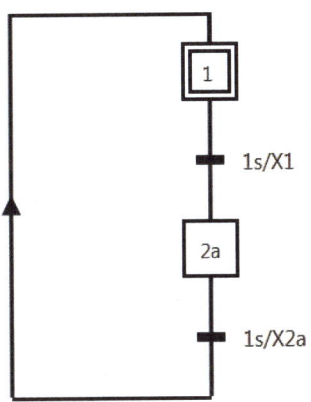

Bild 3.2 GRAFCET mit zwei Schritten

Bei der Transitionsbedingung wird ein logischer Ausdruck eingetragen, der als Ergebnis *True* oder *False* liefert.

3 Lernphasen

Im Prinzip können in einer Transitionsbedingung unendlich viele logische Operatoren und Operanden stehen. Beispielsweise besteht der Term nach Schritt *2* in **Bild 3.4** aus drei Operanden, die mit einem logischen *UND* (*) verknüpft sind.

In einem Term können folgende **Operatoren** verwendet werden:

Operator	Bedeutung	Beispiel
*	UND-Verknüpfung	S1*S2 Bedingung ist wahr, wenn S1 = 1 **und** S2 = 1
+	ODER-Verknüpfung	S1+S2 Bedingung ist wahr, wenn S1 = 1 **oder** S2 = 1
!	Negierung	S1*!S2 Bedingung ist wahr, wenn S1 = 1 und S2 = **0**
↑	Steigende Flanke	S1*↑S2 Bedingung ist wahr, wenn S1 = 1 und eine **steigende Flanke** von S2 vorliegt. Hinweis: Um den Pfeil mit GRAFCET-Studio eingeben zu können, drücken Sie im Editorfeld [STRG] und [↑] gleichzeitig.
↓	Fallende Flanke	S1*↓S2 Bedingung ist wahr, wenn S1 = 1 und eine fallende Flanke von S2 vorliegt.

Weiterhin kann in einem Term eine **Zeitabhängigkeit** geschaffen werden. **In der nachfolgenden Tabelle wird davon ausgegangen, dass die Transition freigegeben ist.** Das bedeutet, dass alle Schritte, die der Transition unmittelbar vorangehen, aktiv sind.

Beispiele Zeitangaben:

1s	1 Sekunde
4m1s200ms	4 Minuten 1 Sekunde und 200 Millisekunden
1h	1 Stunde
1d3h1m20s100ms	1 Tag 3 Stunden 1 Minute 20 Sekunden und 100 Millisekunden

Allgemeiner Aufbau einer Transitionsbedingung mit Zeitverhalten:

T1/.../T2   T1=Einschaltverzögerung, T2=Ausschaltverzögerung.

Beispiel	Erklärung
Einschaltverzögerung: T1/...	
1s/I3	T1 startet bei steigender Flanke von I3. Nach 1 Sekunde ist T1 abgelaufen. Transitionsbedingung: <T1 ist abgelaufen> UND I3=1.
1s/(I3*I4)	T1 startet bei steigender Flanke des Ausdrucks (I3 UND I4). Nach 1 Sekunde ist T1 abgelaufen. Transitionsbedingung: <T1 ist abgelaufen> UND I3=1 UND I4=1.
1s/I3+I4	T1 startet bei steigender Flanke von I3. Nach 1 Sekunde ist T1 abgelaufen. Transitionsbedingung: <T1 ist abgelaufen> UND I3=1 ODER I4=1.
Ausschaltverzögerung: .../T2	
I3/2s	T2 startet bei fallender Flanke von I3. Nach 2 Sekunden ist T2 abgelaufen. Transitionsbedingung: I3=1 ODER (I3=0 UND <T2 läuft ab>).
(I3+I4)/2s	T2 startet bei fallender Flanke von (I3 ODER I4). Nach 2 Sekunden ist T2 abgelaufen. Transitionsbedingung: I3=1 ODER I4=1 ODER (I3=0 UND I4=0 UND <T2 läuft ab>).
I3+I4/2s	T2 startet bei fallender Flanke von I4. Nach 2 Sekunden ist T2 abgelaufen. Transitionsbedingung: I3=1 ODER I4=1 ODER (I4=0 UND <T2 läuft ab>).

3 Lernphasen

Beispiel Transition Term	Erklärung
Ein- und Ausschaltverzögerung T1/.../T2	
1s/I3/2s	T1 startet bei steigender Flanke von I3. T2 startet bei fallender Flanke von I3. Transitionsbedingung: (<T1 ist abgelaufen> und I3=1) ODER (I3=0 und <T2 läuft ab>)
1s/I3*I4/2s	T1 startet bei steigender Flanke von I3. T2 startet bei fallender Flanke von I4. Transitionsbedingung: (<T1 ist abgelaufen> und I3=1) UND (I4=1 ODER (I4=0 und <T2 läuft ab>))
1s/I3*I4*I5/2s	T1 startet bei steigender Flanke von I3. T2 startet bei fallender Flanke von I5. Transitionsbedingung: (<T1 ist abgelaufen> und I3=1) UND I4=1 UND (I5=1 ODER (I5=0 und <T2 läuft ab>))
1s/(I3*I4)*I5*(I6*I7)/2s	T1 startet bei steigender Flanke von (I3 UND I4). T2 startet bei fallender Flanke von (I6 und I7). Transitionsbedingung: (<T1 ist abgelaufen> und I3=1 UND I4=1) UND I5=1 UND (I6=1 UND I7=1 ODER ((I6=0 ODER I7=0) und <T2 läuft ab>))

Wichtig: Der Term der Transitionsbedingung wird immer unabhängig vom Schritt ausgewertet. Nur wenn in der Bedingung Schrittvariablen (z.B. *X1*) verwendet werden, ist die Bedingung von einem Schritt abhängig. Dies bedeutet, dass Timer bereits ablaufen können, ohne dass die Transition freigegeben ist.

Wirkungsteil

Jeder Schritt kann mit einer oder mehreren **Aktionen** versehen werden. Jede Transition ist über eine **Transitionsbedingung** mit mind. einem booleschen Ausdruck definiert. In **Bild 3.3** ist ein GRAFCET im *Beobachten*-Modus dargestellt. Der gerade aktive Schritt wird rot umrandet und zusätzlich mit einem Zahnrad-Symbol gekennzeichnet. Im Beispiel ist dies der *Schritt 2*. Das Zahnrad-Symbol ist eine GRAFCET-Studio spezifische Darstellung um den momentan aktiven Schritt zusätzlich zu kennzeichnen. Der aktive *Schritt 2* aktiviert auch die an dem Schritt angebrachte **kontinuierlich wirkende Aktion**. Dies hat zu Folge, dass der Operand *H1* auf den booleschen Wert *True* gesetzt wird.

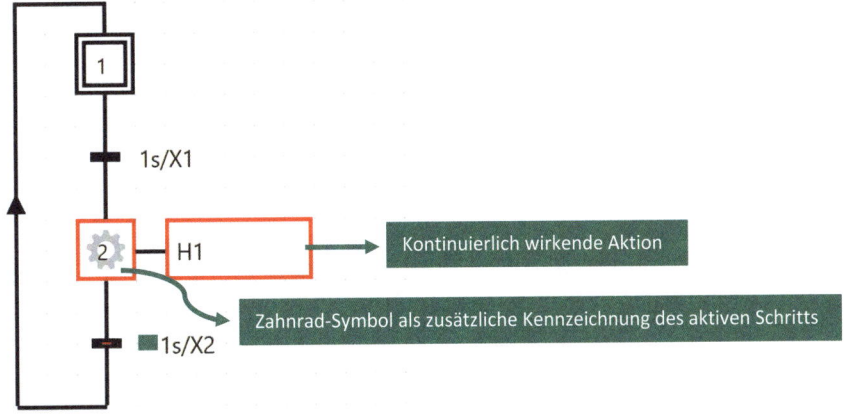

Bild 3.3 GRAFCET im Beobachten-Modus

3 Lernphasen

Einem Schritt können Aktionen zugeordnet werden und zu jeder Transition gehört eine Transitionsbedingung. Die Aktionen und Transitionsbedingungen bilden den **Wirkungsteil** des GRAFCET.

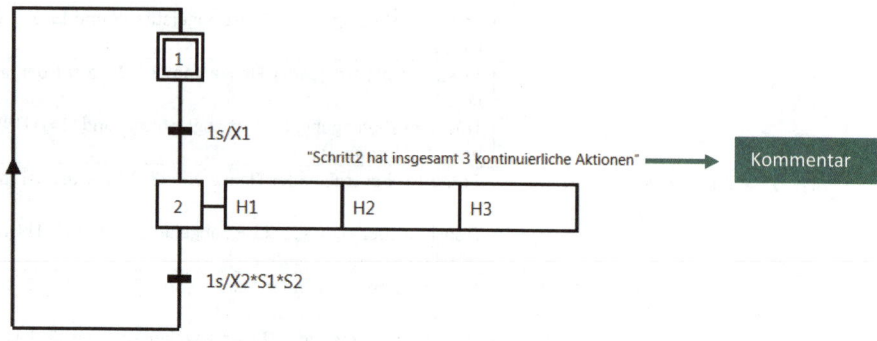

Bild 3.4 Schritt *2* hat insgesamt drei kontinuierlich wirkende Aktionen.

In **Bild 3.4** ist ein GRAFCET mit drei kontinuierlich wirkenden Aktionen am *Schritt 2* dargestellt (H1, H2 und H3). Die Anzahl der Aktionen je Schritt sind nicht begrenzt. Eine praktische Begrenzung stellt die endliche Größe der Zeichenfläche dar. Im Bild ist auch ein Kommentar zu sehen: Er wird durch Anführungsstriche eingerahmt und ist innerhalb des GRAFCET-Studios frei platzierbar.

Kontinuierlich wirkende Aktion

Wird die Aktion als Rechteck ohne weitere Angaben dargestellt, handelt es sich um eine **kontinuierlich wirkende Aktion.** Die Aktion schreibt den Wert *True* in den Operanden, wenn der Schritt **aktiv** ist und *False*, wenn der Schritt **inaktiv** ist. Der Operand wird also immer unabhängig vom Schrittzustand geschrieben!

Besonderes Verhalten, wenn mehrere Aktionen, den gleichen Operanden beeinflussen: Wird der Operand über mehrere kontinuierlich wirkende Aktionen beeinflusst, so hat dieser den Wert *True*, wenn mind. einer der mit der jeweiligen Aktion verbundenen Schritte aktiv ist. Anderenfalls hat der Operand den Wert *False*.

Sobald die Transitionsbedingung der auf den Schritt folgenden Transition erfüllt ist, erfolgt der Übergang zum nachfolgenden Schritt. Somit wird der vorangegangene Schritt **inaktiv**.

Kommentare im GRAFCET verbessern die Lesbarkeit. Insbesondere bei umfangreichen GRAFCETs sind diese sehr wichtig.

Kommentare werden mit Anführungszeichen geschrieben.

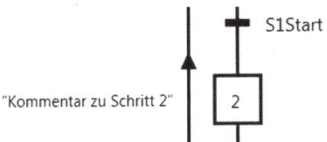

Bild 3.5: Ausschnitt eines GRAFCET mit Kommentar

Im folgenden Kapitel soll der GRAFCET für ein einfaches Anlagenbeispiel entwickelt werden.

3.1.3   Praktisches Beispiel „Lüfteranlage"

 Fan.plclab
Luefter.plclab
 Fan.grafcet
Luefter.grafcet

Mit dem Taster „Lüfter Ein" soll ein Gebläse eingeschaltet und mit dem Taster „Lüfter Aus" wieder ausgeschaltet werden.

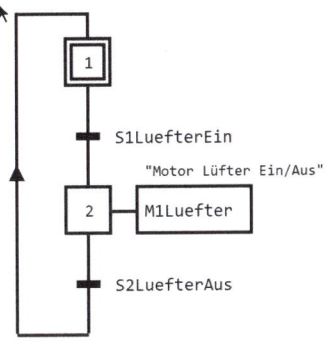

Bild 3.6 Technologieschema zur Lüftersteuerung   Bild 3.7 GRAFCET zur Lüftersteuerung

Der GRAFCET im rechten oberen Bild zeigt die Lösung zur Steuerung des Lüfters. Die Transitionsbedingung *S1LuefterEin* hat als Ergebnis den Wert *False*, solange der Taster „Lüfter Ein" nicht betätigt ist. In diesem Zustand bleibt der Initialschritt *1* aktiv. Bei Betätigung des Tasters ist die Transitionsbedingung erfüllt und es erfolgt der Übergang zum Schritt *2*. Gleichzeitig wird der Initialschritt *1* inaktiv. Der nun aktive Schritt *2* schaltet mit der kontinuierlich wirkenden Aktion den Lüfter *M1* ein.

Die Transition *S2LuefterAus* hat als Ergebnis den Wert *True*, sobald der Taster „Lüfter Aus" betätigt wird. In diesem Fall wird Schritt *2* inaktiv und damit auch die kontinuierlich wirkende Aktion. Der Lüfter geht aus und über die Rückführung (Wirkungslinie von der Abschluss-Transition zurück zum Initialschritt *1*) wird wieder der Initialschritt *1* aktiviert.

Bei dieser Übung wird nicht berücksichtigt, dass beide Taster gleichzeitig betätigt sein können!

Erfolgt eine Rückführung vom Abschluss-Element zum Initialschritt, dann wird der GRAFCET als geschlossene Ablaufkette bezeichnet.

3 Lernphasen

3.1.4 Test der Anwendung

Wurde der GRAFCET im GRAFCET-Studio gezeichnet, PLC-Lab gestartet und die Lüfter-Anlage geladen, dann kann mit dem Test des GRAFCET begonnen werden. Dazu wird zunächst PLC-Lab in Run geschaltet und anschließend im GRAFCET-Studio die Simulation mit Hilfe der Schaltfläche *Beobachten* gestartet (siehe **Kapitel 2.19**).

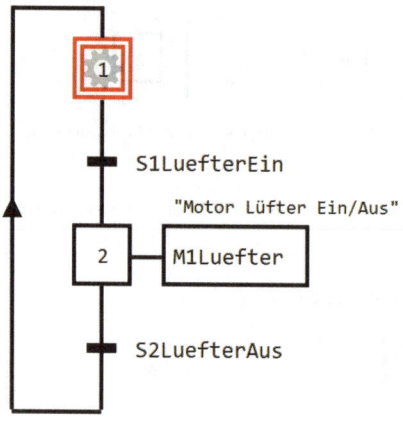

Bild 3.8 Der GRAFCET im Testbetrieb mit aktivem Schritt 1

Der Taster „Lüfter Ein" ist noch nicht betätigt, sodass die Transitionsbedingung *S1LuefterEin* den Wert *False* liefert und kein Übergang zum nächsten Schritt erfolgt. Der Initialschritt *1* bleibt somit aktiv. Der Lüftermotor ist ausgeschaltet, da Schritt *2* inaktiv ist (**Bild** 3.8). Wird der Taster „Lüfter Ein" betätigt, dann ändert sich der Wert der Transitionsbedingung *S1LuefterEin* auf *True* und im GRFACET wird der Schritt *2* aktiviert (**Bild** 3.9).

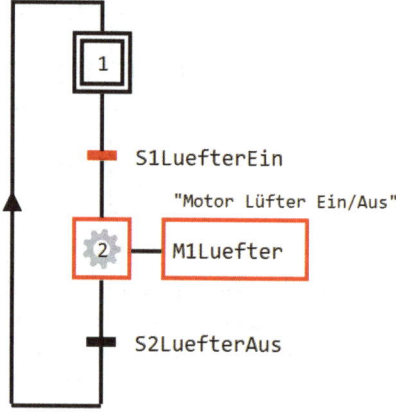

Bild 3.9 Übergang von Schritt *1* zu Schritt *2* durch Erfüllung der Transitionsbedingung *S1LuefterEin*

Die kontinuierlich wirkende Aktion *M1* wird bei Aktivierung von Schritt *2* ebenfalls auf *True* gesetzt, denn durch die kontinuierlich wirkende Aktion hat *M1* immer den gleichen Zustand wie Schritt *2*. Der aktive Schritt *2* bleibt nun solange aktiv, bis die Transitionsbedingung *S2LuefterAus* erfüllt ist.

3 Lernphasen

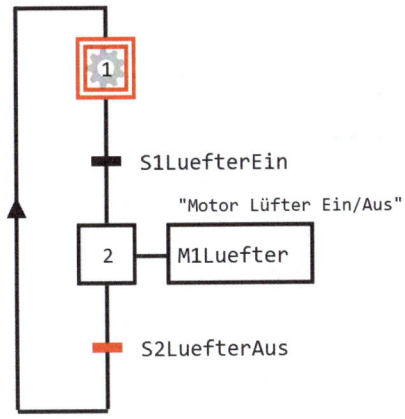

Bild 3.10 Übergang von Schritt *2* zu Schritt *1* durch Erfüllung der Transitionsbedingung *S2LuefterAus*

In obigem Bild ist der Zustand zu sehen, bei dem der Taster „Lüfter Aus" betätigt ist. Somit wird die Transitionsbedingung *S2LuefterAus* auf *True* gesetzt und der Initialschritt *1* wird wieder aktiv. Des Weiteren ist auch der vorangegangene Schritt *2* wieder inaktiv und die kontinuierlich wirkende Aktion *M1* schreibt den Wert *False* in *M1*. Der Lüfter ist abgeschaltet.

3.1.5 Zusammenfassung

- In der Lernphase 1 wurden die Begriffe **Schritt**, **Transition** und die **Transitionsbedingung** eingeführt und angewendet.
- Soll der boolesche Zustand eines Schritts in einer Transitionsbedingung verwendet werden, so verwendet man die **Schrittvariable** des Schritts. Dabei wird der Bezeichnung des Schritts das Präfix **X** vorangestellt (z.B. X1, X2, Xa2).
- Jeder Schritt kann mit einer oder mehreren Aktionen versehen werden. In Lernphase 1 wurde die kontinuierlich wirkende Aktion vorgestellt und angewendet. Diese setzt den Operanden auf *True*, wenn der Schritt aktiv ist. Anderenfalls wird der Wert *False* in den Operanden geschrieben. Wird der Operand in mehreren kontinuierlich wirkenden Aktionen verwendet, dann wird der Wert *True* geschrieben, sobald mind. einer der mit der jeweiligen Aktion verbundenen Schritte aktiv ist. Ist dies nicht der Fall, dann erhält der Operand den Wert *False*.
- Jede Transition hat eine Transitionsbedingung für den Übergang zum nachfolgenden Schritt. Ist die Transition freigegeben und die Transitionsbedingung erfüllt, dann wird der nachfolgende Schritt aktiviert und der vorangegangene Schritt inaktiv geschaltet. In der Lernphase 1 wurden vorerst nur einzelne Operanden als Transitionsbedingung angegeben. Möglich sind dabei auch Terme, die eine Verknüpfung von Operanden definieren. Dies wird im weiteren Verlauf des Buchs noch gezeigt.
- Zur besseren Lesbarkeit des GRAFCET können Kommentare hinzugefügt werden. Diese sind normkonform, wenn der Kommentar in Anführungsstriche gesetzt wird.

3 Lernphasen

3.1.6 Training (Motor Ein-/Ausschalten)

 SwitchMotor.plclab  SwitchMotor.grafcet
MotorSchalten.plclab   MotorSchalten.grafcet

Ein Motor soll über Taster ein- bzw. ausgeschaltet werden.
Die Anlage besitzt folgende Operanden:

- *S1MotorEin* für Taster „Motor-Ein"; dieser liefert *True*, wenn der Taster gedrückt wird
- *S2MotorAus* für Taster „Motor-Aus"; dieser liefert **False** wenn der Taster gedrückt wird
- *M1* für den Motor

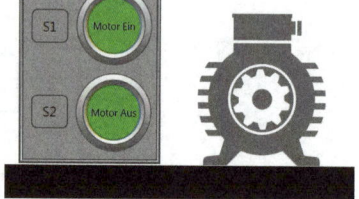

Bild 3.11 Technologieschema zur Motor-Steuerung

3.1.6.1 Lösung

Die Lösung ist in **Bild** 3.12 zu sehen. Die Transitionsbedingung der Transition nach Schritt 2 besteht aus dem negierten Zustand des Operanden *S2MotorAus* (zur Eingabe der Negierung siehe **Kapitel 2.9**), da der Taster im Ruhezustand (ohne Betätigung) den Wert *True* liefert. Bei Betätigung hat der Operand den Wert *False* und dies soll zur Deaktivierung von Schritt 2 führen.

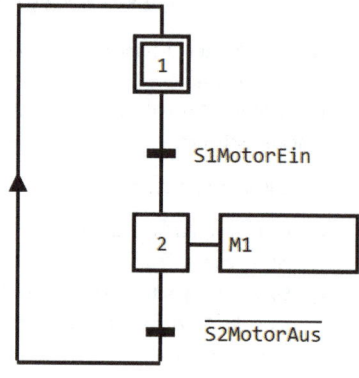

Bild 3.12 GRAFCET-Lösung zu Motor Ein/Aus

3.1.7 Kontrollfragen

- Für welchen Zweck wurde GRAFCET ursprünglich entworfen?
- Was sind Wirkungslinien?
- Es soll die Schrittvariable des Schritts mit der Bezeichnung 3c verwendet werden. Wie ist die Bezeichnung dieser Schrittvariablen?
- Jede Transition besitzt eine boolesche Transitionsbedingung. Was passiert mit dem vorangegangenen und dem nachfolgenden Schritt einer Transition, wenn das Ergebnis der Transitionsbedingung *True* ist und die Transition freigegeben ist?

3 Lernphasen

3.2 Lernphase 2: Schrittablaufkette

3.2.1 Lernziel

In speicherprogrammierbaren Steuerungen (SPS), die zum Steuern des Ablaufs von Maschinen und Anlagen verwendet werden, wird das Steuerungsprogramm zyklisch aufgerufen. Im Beispiel „Motor Ein-/Ausschalten" aus **Kapitel 3.1** kann der Motor immer wieder gestartet und gestoppt werden, da vom Abschlusselement eine Rückführung zum Initialschritt erfolgt. In dieser Lernphase sollen **zyklische Anwendungen** sowie die Möglichkeit von **zeitverzögerten Schritten** eingeführt und angewendet werden.

Lernschritte:

- Zyklische Ablaufkette
- Verwendung von Schrittvariablen
- Zeitverzögerte Schritte mit Hilfe von zeitabhängigen Transitionsbedingungen

3.2.2 Wissenswertes

Verbindet man die letzte Transition mit dem Initialschritt über eine Wirkungslinie, dann wird der GRAFCET zyklisch bearbeitet. In **Bild 3.12** ist eine zyklische Ablaufkette mit zwei Schritten abgebildet. Auf jeden Schritt folgt dabei eine Transition mit einer zeitabhängigen Transitionsbedingung. Auffallend ist dabei der Pfeil nach oben innerhalb der Rückführung. Dieser Pfeil nach oben zeigt die Richtung des Ablaufs an. Der ‚normale' Ablauf ist von oben nach unten; dabei ist kein Pfeil notwendig. Weicht der Ablauf von der üblichen Richtung ab, dann ist die Richtung über einen Pfeil anzugeben.

Der Vollständigkeit halber sei erwähnt, dass eine Rückführung nicht unbedingt an den Initialschritt angeschlossen werden muss. Der Anschluss der Rückführung kann auch an einen nachfolgenden Schritt der Ablaufkette erfolgen, um z.B. die oberhalb liegenden Schritte nicht in den Zyklus einzubeziehen. Auf diesen Sachverhalt wird noch explizit eingegangen.

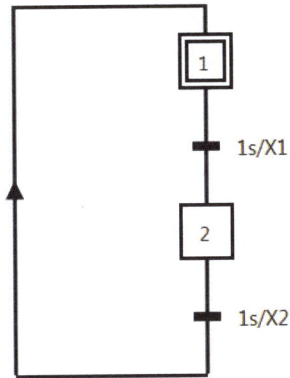

Bild 3.13 Schleifenbildung zum Initialschritt mit zeitabhängigen Transitionsbedingungen

Verwendete Syntax für die Zeitverzögerung der Schritte: Zeitangabe in Sekunden, gefolgt von einem Slash und der Schrittvariablen (z.B. *1s/X1*)

Bei einer Transitionsbedingung kann nicht nur die Schrittvariable des unmittelbar vorangehenden Schritts verwendet werden. Die Schrittvariable wird aus dem Präfix **X** und der Schrittbezeichnung zusammengesetzt.

Falsch wäre z.B. *2s/1*, da hier das *X* bei der Angabe der Schrittvariablen für Schritt *1* fehlt.

Bei dem in **Bild** 3.13 gezeigten Beispiel ist jeder Schritt jeweils eine Sekunde aktiv. In
Bild 3.14 wird der Signalverlauf in Abhängigkeit zur Zeit dargestellt, wenn die Zeit innerhalb der Transitionsbedingungen jeweils auf **zwei Sekunden** festgelegt wird (*2s/X1* und *2s/X2*).

3 Lernphasen

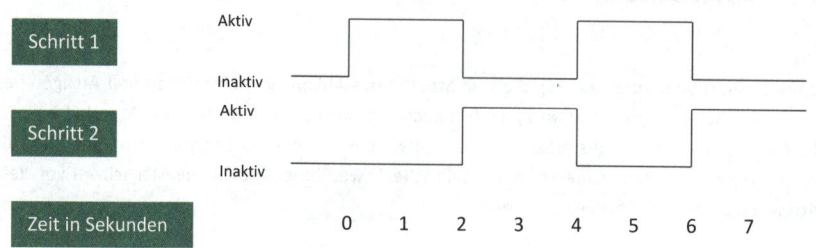

Bild 3.14 Signalverlauf zur zeitbegrenzten Transitionsbedingung

3.2.3 Anwendung

 ValvePulsedMode.plclab  **GRAFCET Studio** ValvePulsedMode.grafcet
VentilPulsbetrieb.plclab   VentilPulsbetrieb.grafcet

Ein Ventil soll drei Sekunden eingeschaltet und drei Sekunden ausgeschaltet werden (Pulsen). Hat das Ventil den Wert *True*, dann öffnet es sich. Beim Wert *False* ist es geschlossen. Das Ventil wird über den Operanden *Y1* angesprochen.

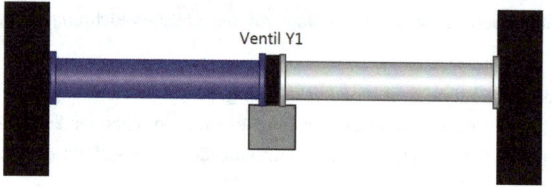

Bild 3.15 Technologieschema zur Anwendung Ventil pulsen

In **Bild** 3.16 ist die GRAFCET-Lösung dargestellt. Hier wird die Möglichkeit genutzt, schon am Initialschritt eine Aktion anzubringen, die das Ventil *Y1* zum Öffnen schaltet. Nach drei Sekunden ist die Verzögerungszeit der Transitionsbedingung (*3s/X1*) der ersten Transition abgelaufen und somit wird die Weiterschaltung nach Schritt *2* ausgeführt. Schritt *2* ist nun aktiv und Schritt *1* ist inaktiv. Damit wird auch die kontinuierlich wirkende Aktion am Schritt *1* inaktiv. Das Ventil *Y1* hat somit den Wert *False* und schließt. Nach Ablauf der zeitabhängigen Transitionsbedingung (*3s/X2*) der Transition nach Schritt *2* erfolgt der Übergang zu Schritt *1* und die Prozedur beginnt wieder von vorne.

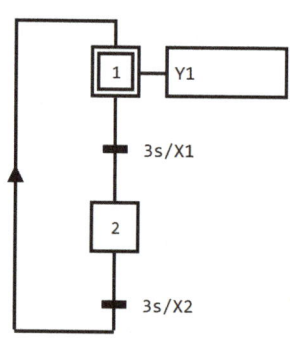

Bild 3.16 Pulsbetrieb für ein Ventil

3.2.4 Test der Anwendung

Wird in PLC-Lab und GRAFCET-Studio die Simulation gestartet, beginnt das Ventil, gesteuert vom GRAFCET, zu pulsen. In **Bild** 3.17 sind die beiden Phasen des Pulsbetriebs dargestellt.

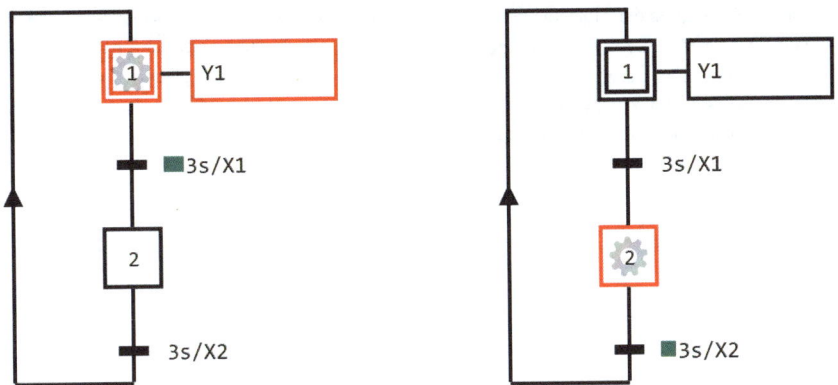

Bild 3.17 Test Ventil-Pulsbetrieb: Links ist das Ventil offen, rechts geschlossen.

3.2.5 Zusammenfassung

- Bei einer zyklischen Ablaufkette wird nach der Schlusstransition wieder der Schritt aktiv, zu dem die Rückführung führt.
- Es wurde gezeigt, wie man einen zeitverzögerten Schritt mit Hilfe einer zeitabhängigen Transitionsbedingung unter Verwendung einer Schrittvariablen realisiert.

3 Lernphasen

3.2.6 Training: Hülsenpresse

 CrimpDevice.plclab
VerpressVorrichtung.plclab

 CrimpDevice.grafcet
VerpressVorrichtung.grafcet

Ein Presszylinder soll mit Betätigung des Start-Tasters ausfahren und für zwei Sekunden eine Hülse in eine Muffe pressen. Nach Ablauf der Zeit fährt der Zylinder wieder ein und es beginnt eine Ruhepause von fünf Sekunden. Nach dieser Zeit soll eine Signallampe anzeigen, dass das Werkstück aus der Presse entnommen werden kann. Die Entnahme wird durch einen Bestätigungs-Taster quittiert und es kann wieder ein neues Werkstück eingelegt werden. Die Endlagen des Zylinders werden nicht kontrolliert.

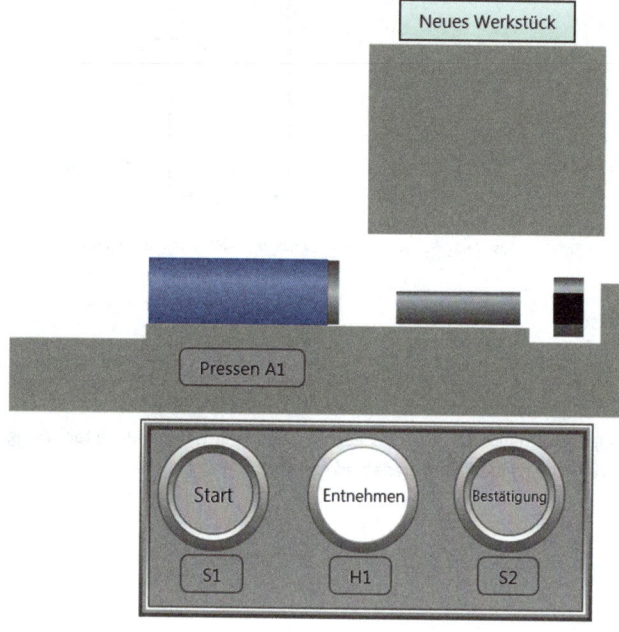

Bild 3.18 Technologieschema zur Hülsenpresse

Benennung der Operanden:

S1Start	Taster „Start", Wert = True wenn betätigt
S2Bestaetigung	Taster „Bestätigung", Wert = True wenn betätigt
A1ZylPressen	Aktor Press-Zylinder vor/zurück, True = nach vorn fahren
H1Entnehmen	Lampe

3.2.6.1 Lösung

Ist der Initialschritt aktiv und die Transitionsbedingung *S1Start* der nachfolgenden Transition erfüllt, wird der Zylinder durch die kontinuierlich wirkende Aktion *A1ZylPressen* für zwei Sekunden (*2s/X2*) ausgefahren (**Bild** 3.19). Der Zylinder ist nach zwei Sekunden sicher komplett ausgefahren und hat den Bolzen in die Hülse gepresst.

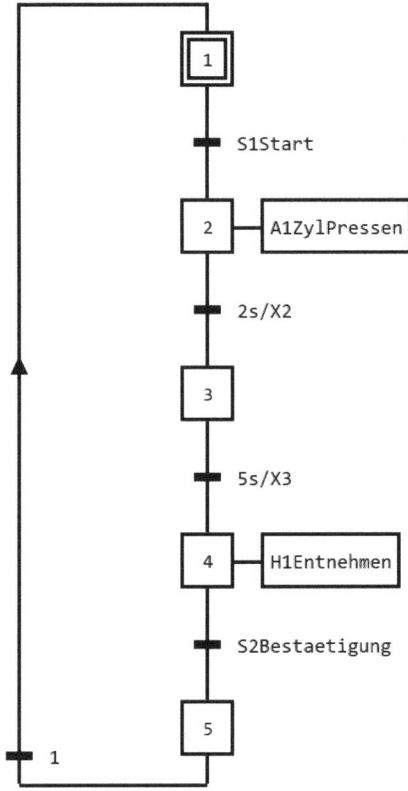

Bild 3.19 Lösung zur Hülsenpresse

Die Transitionsbedingung *2s/X2* bedingt nach zwei Sekunden den Übergang in den Schritt *3*, welcher fünf Sekunden lang (*5s/X3*) aktiv bleibt. Nach Ablauf der fünf Sekunden ist die Transitionsbedingung erfüllt und es findet der Übergang zum Schritt *4* statt. Dieser setzt mit der kontinuierlich wirkenden Aktion *H1Entnehmen* die Signallampe und wartet mit der Transitionsbedingung *S2Bestaetigen*, bis der Taster „Bestätigung" gedrückt wird. Danach beginnt der Zyklus von neuem.

Bei dieser Übung ist nicht berücksichtigt, dass der Taster „Start" dauerhaft betätigt sein könnte!

3.2.7 Kontrollfragen

- Definieren Sie eine Transitionsbedingung, um den Schritt mit der Bezeichnung „35" um vier Sekunden zu verzögern.
- Ist die Transitionsbedingung 1s/3X korrekt definiert, wenn der Schritt mit der Bezeichnung „3" um eine Sekunde zu verzögern ist?

3 Lernphasen

3.3 Lernphase 3: Kontinuierlich wirkende Aktion mit Zuweisungsbedingung

3.3.1 Lernziel

Die kontinuierlich wirkende Aktion schreibt den Schrittzustand (*True* oder *False*) in einen Operanden. Soll die Zuweisung von einer zusätzlichen Bedingung abhängig sein, dann verwendet man die **kontinuierlich wirkende Aktion mit Zuweisungsbedingung**. In dieser Lernphase wird diese Aktionsart vorgestellt und angewendet.

Lernschritte:

- Zuweisungsbedingungen bei kontinuierlich wirkenden Aktionen
- Verwendung mehrerer kontinuierlich wirkender Aktionen pro Schritt
- Anwendung zeitabhängiger Zuweisungsbedingungen mit Bit- und Vergleichsoperatoren

3.3.2 Wissenswertes

In **Bild 3.20** ist eine **Zuweisungsbedingung** mit *2s/X1* an einer kontinuierlich wirkenden Aktion *H1Signallampe* angegeben. Solange der Schritt *1* **inaktiv** ist, wird immer der Wert *False* in den Operanden *H1Signallampe* geschrieben. Sobald der Schritt *1* aktiv wird, wird die Zeitverzögerung gestartet, und nach 2 Sekunden ist die Zuweisungsbedingung erfüllt. Jetzt wird der Wert *True* in den Operanden *H1Signallampe* geschrieben. Das Schreiben des Werts *True* durch die kontinuierlich wirkende Aktion in den Operanden wird somit um zwei Sekunden verzögert.

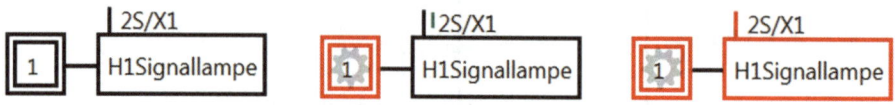

Bild 3.20 Kontinuierlich wirkende Aktion mit zeitabhängiger Zuweisungsbedingung

Im zweiten Beispiel (**Bild 3.21**) ist die Bedingung vom Zustand eines Operanden mit der Bezeichnung *S1* abhängig.

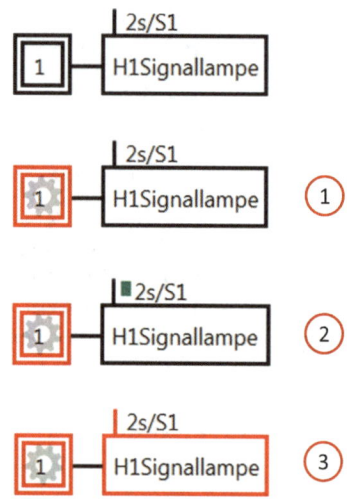

Bild 3.21 Kontinuierlich wirkende Aktion mit Zuweisungsbedingung, in der ein Operand verwendet wird

Hier wird ein Endschaltersignal *S1* erwartet. Die zeitabhängige Bedingung startet nur, wenn *S1* den Wert *True* liefert. Im Beobachten-Modus (**Punkt 1**) ist der Schritt *1* aktiv. Die Zuweisungsbedingung bleibt *False*, da *S1* noch *False* liefert. In **Punkt 2** hat *S1* den Wert *True* angenommen und der Timer wurde gestartet. Nach Ablauf der Verzögerungszeit von zwei Sekunden wird der Operand *H1Signallampe* auf *True* gesetzt (**Punkt 3**). Würde *S1* wieder

3 Lernphasen

auf *False* wechseln, wird die kontinuierlich wirkende Aktion ebenfalls den Wert *False* in den Operanden schreiben. Ebenso würde der Timer wieder zurückgesetzt.

Hat der Schritt den Status *True* und hat das Ergebnis der Zuweisungsbedingung den Status *True*, dann wird in den Operanden einer kontinuierlich wirkenden Aktion mit Zuweisungsbedingung der Status *True* geschrieben, ansonsten *False*.

In Beispiel 3 (**Bild 3.22**) ist eine zeitabhängige Zuweisungsbedingung mit einem Vergleichsoperator zu sehen. Sobald der Wert im Operanden *B1Druck* grösser als der Wert in *B2Druck* ist, wird der Timer gestartet und nach dessen Ablauf die kontinuierlich wirkende Aktion *Y1* aktiviert. Somit wird der Wert *True* in den Operanden *Y1* geschrieben.

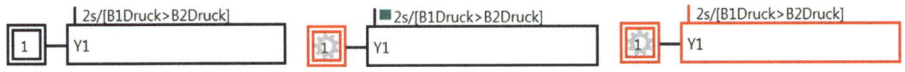

Bild 3.22 Zeitabhängige Zuweisungsbedingung mit einem Vergleichsoperator

Folgender wichtiger Aspekt ist zu beachten:
Die an der Aktion angegebene Bedingung kann auch **vor** der Aktivierung des mit der Aktion verbundenen Schritts erfüllt werden. Sie wird also **unabhängig** von der Aktivierung des Schritts ausgewertet.

Im obigen Beispiel bedeutet dies: Sobald der Vergleich *B1Druck > B2Druck* erfüllt ist, beginnt die Zeit abzulaufen – **unabhängig** von Schritt *1*. Es kann also durchaus passieren, dass Schritt *1* aktiv wird und die Verzögerungszeit bereits abgelaufen ist, da der Vergleich *B1Druck > B2Druck* schon länger als zwei Sekunden erfüllt ist.

Hinweis: Ein Vergleich muss immer in einer eckigen Klammer stehen.

Im weiteren Verlauf des Buches wird die *speichernd wirkende Aktion bei Ereignis* vorgestellt. Bei dieser Aktion wird die Bedingung erst dann ausgewertet, wenn der zur Aktion gehörende Schritt aktiv ist.

3 Lernphasen

3.3.3 Anwendung

 FillingTankWithManualDrain
BehaelterFuellen.plclab

 FillingTankWithManualDrain
BehaelterFuellen.grafcet

Ein Behälter soll automatisch befüllt werden, bis der Signalpegel *S1* des Behälters erreicht ist (Füllstand erreicht = *False*). Dazu werden eine Pumpe und ein Ventil eingeschaltet. Die Pumpe muss mit einer Einschaltverzögerung von zwei Sekunden gegenüber dem Ventil gestartet werden, damit sie nicht gegen das geschlossene Ventil arbeitet.

Rechts: Bild 3.23 Technologieschema zur Anwendung

Benennung der Operanden:

S1BehaelterVoll	Sensor, Wert = False wenn von Flüssigkeit umgeben
Y1Ventil	Aktor Ventil Y1, True = Ventil ist offen
M1Pumpe	Motor Pumpe

Die Umsetzung dieser Aufgabe in GRAFCET gestaltet sich recht einfach. Es werden zwei kontinuierlich wirkende Aktionen benötigt, wobei jede Aktion eine eigene Zuweisungsbedingung besitzt. Der Initialschritt schaltet das Ventil ein, sobald *S1* den Wert *True* liefert. Für die Pumpe wird eine zeitabhängige Zuweisungsbedingung definiert; es handelt sich dabei um eine Einschaltverzögerung. Sobald *S1* den Wert *True* liefert, startet die Zeit und nach zwei Sekunden erhält die Pumpe den Wert *True* zugewiesen. Im folgenden Bild 3.24 ist die Lösung zu sehen.

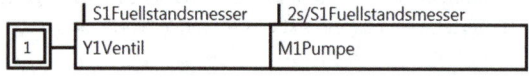

Bild 3.24 Die Lösung zur Anwendung

3.3.4 Test der Anwendung

In der Darstellung (Bild rechts) hat die Zuweisungsbedingung mit *S1Fuellstandsmesser* den Status *False*, sodass beide kontinuierlich wirkenden Aktionen ebenfalls den Status *False* in die Operanden schreiben (**Punkt 1**). In **Punkt 2** wird das Ventil eingeschaltet und der Timer innerhalb der zeitabhängigen Zuweisungsbedingung wird gestartet.

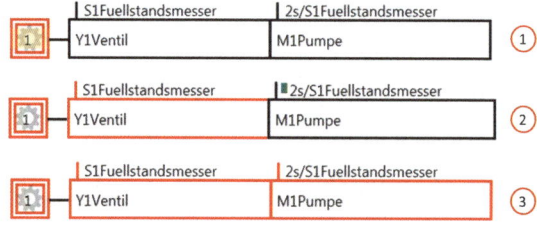

Bild 3.25 Behälter füllen im Test

Nach Ablauf der Zeit wird die kontinuierlich wirkende Aktion aktiv und somit dem Operanden *M1Pumpe* der Wert *True* zugewiesen (**Punkt 3**).

3.3.5 Zusammenfassung

- Wichtig: Eine kontinuierlich wirkende Aktion schreibt **in jedem Zyklus** (=kontinuierlich) entweder 1 oder 0 in den Operanden, je nach Schrittzustand.
- Eine kontinuierlich wirkende Aktion kann mit einer Zuweisungsbedingung versehen werden.
- Liefert die Zuweisungsbedingung den Wert *True* und ist der zuständige Schritt ebenfalls *True*, so wird der Wert *True* in den Operanden geschrieben.
- In den Zuweisungsbedingungen können Bitoperatoren, Vergleichsoperatoren sowie Zeitfunktionen verwendet werden. Flanken (ansteigende Flanke, fallende Flanke) sind hier **nicht erlaubt**.

3.3.6 Training

StartReboot.plclab
StartNeustart.plclab

StartReboot.grafcet
StartNeustart.grafcet

Wird der Taster *S1Start* betätigt, so soll die Lampe *H1* für fünf Sekunden leuchten. Anschließend soll die Lampe *H2* so lange blinken, bis der Taster *S2Neustart* betätigt wird. Danach kann über *S1Start* der Vorgang neu angestoßen werden. Das Blinken von *H2* soll mit einer Impuls-/Pausenzeit von jeweils einer Sekunde erfolgen.

Beide Taster liefern *True* bei Betätigung.

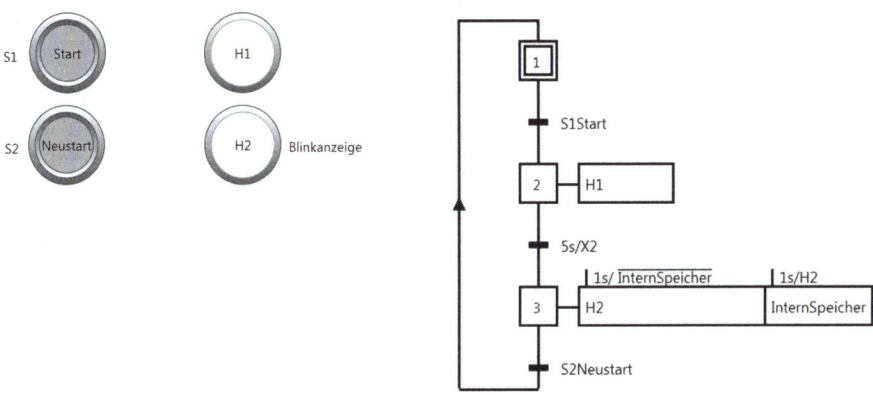

Bild 3.26 Technologieschema zum Beispiel Start/Neustart

Bild 3.27 GRAFCET-Lösung

Die Lösung der Aufgabe wird durch die Realisierung der Blinkanzeige ein wenig schwieriger.

Durch Betätigung des Tasters *S1Start* wird Schritt 2 aktiv. Daraufhin beginnt die Zeit innerhalb der Transitionsbedingung *5S/X2* abzulaufen, da die Schrittvariable X2 den Status *True* hat. Des Weiteren wird die kontinuierlich wirkende Aktion am Schritt 2 aktiv und somit der Operand *H1* auf True gesetzt. Nach fünf Sekunden erfolgt der Übergang zu Schritt 3. Am Schritt 3 sind zwei kontinuierlich wirkende Aktionen mit Zuweisungsbedingungen angebracht. Die linke Aktion beschreibt den Operanden *H2* mit *True*, wenn der Schritt 3 aktiv und die zeitabhängige Zuweisungsbedingung erfüllt ist. Deren Zeit wird gestartet, sobald der Operand *InternSpeicher* den Wert *False* hat, **unabhängig** von Schritt 3. Somit ist davon auszugehen, dass beim Aktivieren von Schritt 3 die Bedingung bereits erfüllt ist und dem Operanden *H2* sofort der Wert *True* zugewiesen wird. Hat der Operand *H2* den Status *True*, dann beginnt die Zeit innerhalb der zeitabhängigen Zuweisungsbedingung der Aktion *InternSpeicher* abzulaufen. Nach Ablauf dieser Zeit wird der Operand *InternSpeicher* auf *True* gesetzt und *H2* erhält den Wert False; denn die Zuweisungsbedingung der Aktion *H2* ist damit nicht mehr erfüllt. Wird die Taste *S2Neustart* betätigt, dann erfolgt der Übergang zum Initialschritt und der Vorgang kann neu gestartet werden.

3.3.7 Kontrollfragen

- Welche Zustände kann das Ergebnis einer Zuweisungsbedingung einer kontinuierlich wirkenden Aktion annehmen?
- Definieren Sie eine Zuweisungsbedingung, welche eine Zeitverzögerung von drei Sekunden bewirkt, nachdem der Operand *S1* den Status *True* angenommen hat.
- Können mehrere Aktionen an einen Schritt angebracht werden?

3 Lernphasen

3.4 Lernphase 4: Speichernd wirkende Aktion

3.4.1 Lernziel

Kontinuierlich wirkende Aktionen weisen ihrem Operanden den Wert *True* oder *False* zu, abhängig vom Zustand des Schritts und, falls vorhanden, der Zuweisungsbedingung. Die kontinuierlich wirkende Aktion beschreibt also immer den Operanden.

Es gibt Anwendungsfälle, wo es erforderlich ist, dass nur beim Aktivieren oder Deaktivieren eines Schritts der Wert in den Operanden geschrieben wird. In diesen Fällen kommen die speichernd wirkenden Aktionen zum Einsatz. Der Operand einer speichernd wirkenden Aktion wird beim Aktivieren oder Deaktivieren des mit der Aktion verbundenen Schritts geschrieben und bleibt so lange erhalten, bis er durch eine weitere speichernd wirkende Aktion überschrieben wird.

Ein GGF (**G**ern **g**emachter **F**ehler): Kontinuierlich wirkende Aktionen und speichernd wirkende Aktionen dürfen **nicht auf den gleichen Operanden wirken**. Grund: Die kontinuierlich wirkende Aktion schreibt **immer** (0 oder 1, je nach Schrittzustand) und die speichernd wirkende Aktion schreibt nur 1-malig. Deshalb würde die kontinuierlich wirkende Aktion immer die speichernd wirkende **überschreiben**. Vergleichbares Beispiel bei Siemens Steuerungen: Ähnlich sinnlos wäre es, wenn am Ende des OB1-Zyklus eine Zuweisung stehen würde und an einer anderen Stelle wird der gleiche Operand mit einem Speicher beschrieben. Aus diesem Grund wird in Grafcet-Studio ein Fehler angezeigt, wenn dies gezeichnet wird.

Lernschritte:

- Speichernd wirkende Aktion bei Deaktivierung und Aktivierung des Schritts
- Aufwärts- und Abwärtszähler
- Erläuterung eines **transienten Ablaufs**

3.4.2 Wissenswertes

Wird der Ausgang eines Motors in einem Schritt gesetzt und soll der Motor über mehrere Schritte eingeschaltet bleiben, kann die **speichernd wirkende Aktion** zum Einsatz kommen. In diesem Fall bleibt der Motor so lange eingeschaltet, bis er explizit durch eine andere (speichernd wirkende) Aktion ausgeschaltet wird.

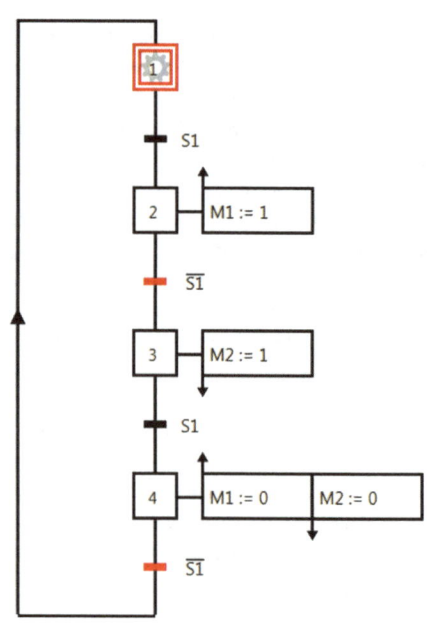

Bild 3.28 wartet der Schritt *1* auf die Weiterschaltung durch *S1* in den Schritt *2*. Die Motoren *M1* und *M2* sind beide ausgeschaltet.

Bild 3.28: Speichernd wirkende Aktionen bei Aktivierung und Deaktivierung eines Schritts

3 Lernphasen

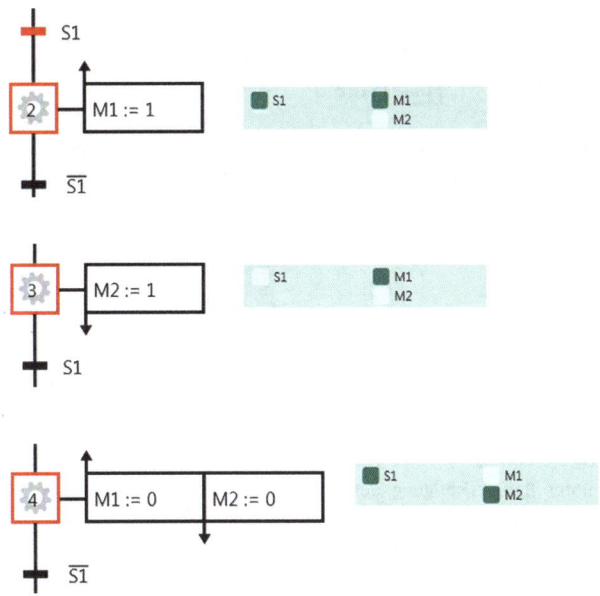

Bild 3.29 Wirkungsweise der speichernd wirkenden Aktionen bei Aktivierung des Schritts (Pfeil nach oben) und bei Deaktivierung des Schritts (Pfeil nach unten)

In obigem Bild sind die Schritte 2–4 dargestellt und zeigen die speichernd wirkenden Aktionen bei Aktivierung (Pfeil am Symbol nach oben) und Deaktivierung (Pfeil am Symbol nach unten) im Zusammenspiel mit dem jeweils aktiven Schritt. Rechts daneben ist das IO-Panel des GRAFCET-Studios zu sehen. Es zeigt den Status der einzelnen Operanden während der jeweils dargestellten Situation.

Aktivierung von Schritt 2:

Die speichernd wirkende Aktion *M1 := 1* wird in Schritt *2* mit der steigenden Flanke der Schrittvariablen einmalig ausgeführt. Da die Aktion als speichernd wirkende Aktion bei Aktivierung des Schritts definiert ist (Pfeil nach oben), wird die steigende Flanke des Schritts für die Aktivierung der Aktion ausgewertet.

Bei speichernd wirkenden Aktionen **muss** die Zuweisung an den Operanden mit dem Zuweisungsoperator „:=" erfolgen. Dies liegt daran, dass bei diesen Aktionen ein beliebiger (für den Operanden gültiger) Wert geschrieben werden kann. Bei digitalen Operanden kann also z.B. auch eine dezimale Zahl geschrieben werden. Dies wird im weiteren Verlauf des Kapitels noch gezeigt.

In diesem Fall wird dem Bitoperanden eine ‚1' zugewiesen, also der Wert *True*. Der Motor *M1* ist nun aktiv und bleibt, wie unter **Schritt 3** zu sehen, weiter aktiv (siehe Status im IO-Panel des GRAFCET-Studios).

Aktivierung von Schritt 3:

Die speichernd wirkende Aktion mit dem Pfeil nach unten wirkt erst mit **Verlassen** von Schritt *3*, also mit der **negativen** Flanke der Schrittvariablen. Aus diesem Grund ist der Motor *M2* zu diesem Zeitpunkt noch nicht aktiv.

Aktivierung von Schritt 4:

Der Motor *M2* wurde beim Verlassen von Schritt *3* auf den Wert *True* gesetzt. Bei der Aktivierung von Schritt *4* wird der Motor *M1* mit der steigenden Flanke des Schritts durch die Zuweisung *M1 := 0* auf *False* gesetzt.

Ist die Transition nach Schritt 4 erfüllt, erfolgt der Übergang zum Initialschritt *1*. Somit wird durch die fallende Flanke der Schrittvariablen von Schritt *4* der Motor *M2* mit *M2 := 0* auf *False* gesetzt.

Der Anfangszustand aus Bild 3.28 ist wieder hergestellt.

3.4.3 Anwendung

 ConveyorBeltWithCounter ZaehlerBand.plclab

 ConveyorBeltWithCounter ZaehlerBand.grafcet

Auf einem Band sollen die transportierten Teile mit Hilfe eines Sensors gezählt werden. Der Sensor *S1ZaehlImpuls* liefert eine pos. Flanke bei jedem Teil. Mit dieser Flanke soll der Wert des Operanden *ZaehlerStand* um jeweils 1 erhöht werden.

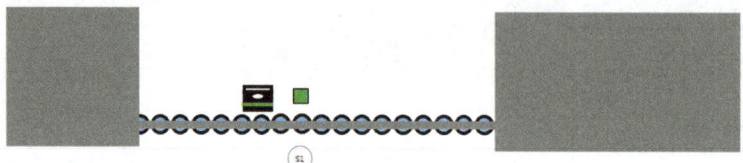

Bild 3.30 Technologieschema Bandzähler

Eine besondere Form ist die Zuweisung eines Wertes an einen Operanden unter Berücksichtigung dessen Inhalts. Im Beispiel wird zum Inhalt in *ZaehlerStand* die Zahl 1 addiert und das Ergebnis wieder in *ZaehlerStand* gespeichert (Schritt *2*).

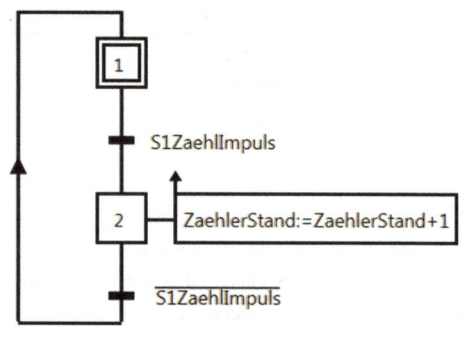

Bild 3.31 Einsatz einer speichernd wirkenden Aktion bei Aktivierung zur Realisierung eines Vorwärtszählers

Mit der speichernd wirkenden Aktion **bei Aktivierung** (z.B. steigende Flanke der Schrittvariablen *X2*) wird der Wert des Vorwärtszählers mit *ZaehlerStand := ZaehlerStand + 1* nur **einmalig** bei Aktivierung des Schritts erhöht. Danach muss der Schritt erst wieder verlassen und erneut aktiviert werden.

3.4.4 Test der Anwendung

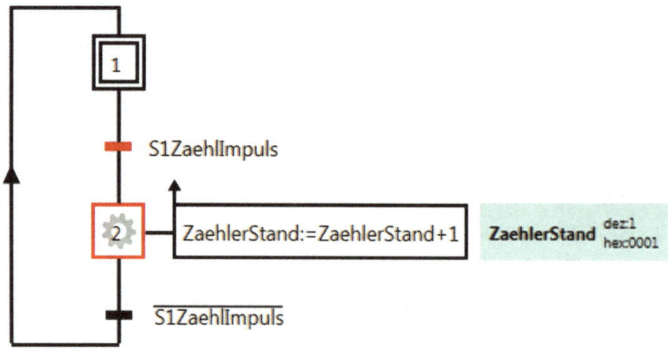

Bild 3.32 Speichernd wirkende Aktion bei Aktivierung im Beobachten-Modus

In **Bild 3.32** ist der Zählvorgang zu sehen. Dabei wurde der Wert des Operanden *ZaehlerStand* bei der Aktivierung von Schritt *2* erhöht und hat nun den Inhalt 1.

3.4.5 Transienter Ablauf

Ein transienter Ablauf liegt vor, wenn beim Übergang an einen Schritt schon die dem Schritt nachfolgende Transitionsbedingung erfüllt ist. Der Schritt ist also nicht ‚dauerhaft' aktiv, er ist **instabil**. Man spricht auch davon, dass der Schritt nur **virtuell aktiviert** und **virtuell deaktiviert** wird.

Gegeben sei der nachfolgend dargestellte GRAFCET.

Im Bild rechts ist zu erkennen, dass der Initialschritt *1* aktiv ist. Des Weiteren erkennt man, dass die Bedingung der Schritt *2* nachfolgenden Transition schon erfüllt ist, d.h. *S2* hat den Wert *True*.

Sobald *S1* den Wert *True* hat, erfolgt der Übergang von Schritt *1* nach Schritt *2*. Da aber die dem Schritt *2* folgende Transitionsbedingung auch schon erfüllt ist, erfolgt der sofortige Übergang von Schritt *2* nach Schritt *3*.

Die Frage ist nun, was passiert mit den am Schritt *2* angebrachten Aktionen?

Der Operand *H1* wird über eine kontinuierlich wirkende Aktion beeinflusst. Wenn überhaupt, dann dürfte der Operand *H1* nur für sehr kurze Zeit den Wert *True* erhalten, da Schritt *2* ja nur kurzzeitig aktiviert wird.

Der Operand *H2* wird über eine speichernd wirkende Aktion bei Aktivierung beschrieben. Diese Art der Aktion hängt vom Aktivierungsereignis des Schritts ab. Dieses Ereignis findet statt, denn der Schritt *2* wird auf jeden Fall aktiviert und sofort wieder deaktiviert.

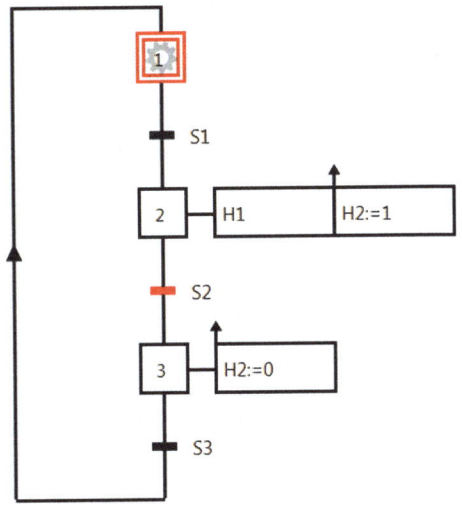

Bild 3.33: Beispiel für einen transienten Ablauf

Die Antwort darauf lautet wie folgt:

Schritt *2* wird virtuell aktiviert und virtuell deaktiviert, er ist nicht stabil aktiv. Somit treten die beiden Ereignisse Aktivierung und Deaktivierung ein, der Zustand, dass der Schritt aktiv ist, aber <u>nicht</u>.

Dies bedeutet für obiges Beispiel, dass die speichernd wirkende Aktion bei Aktivierung ausgeführt und in den Operand *H2* der Wert ‚1' geschrieben wird.

Die kontinuierlich wirkende Aktion ‚spürt' aber nicht, dass der Schritt *2* aktiv ist. Somit wechselt der Operand *H1* nicht nach *True*, auch nicht kurzzeitig.

Würde *H2* anstatt von einer speichernd wirkenden Aktion bei Aktivierung von einer speichernd wirkenden Aktion bei Deaktivierung beeinflusst werden, dann würde diese Aktion ebenfalls ausgeführt. Denn auch dieses Deaktivierungsereignis tritt, wie oben bereits erläutert, am Schritt *2* auf und das ist für die Ausführung der speichernd wirkenden Aktion bei Deaktivierung entscheidend.

> Ist ein transienter Ablauf vorhanden, dann wird der davon betroffene Schritt virtuell aktiviert und virtuell deaktiviert. Der Schritt wird dabei nicht stabil aktiv, er ist **instabil**.
> Somit ‚spüren' kontinuierlich wirkende Aktionen keine Veränderung des Schritts.
> Anders ist dies bei speichernd wirkenden Aktionen bei Aktivierung oder Deaktivierung, denn diese Ereignisse treten ein. Diese Aktionen werden somit aktiv und ausgeführt.

3.4.6 Zusammenfassung

- Für die speichernd wirkende Aktion bei Aktivierung des Schritts wird das Symbol **mit dem Pfeil nach oben** verwendet.
- Für die speichernd wirkende Aktion bei Deaktivierung des Schritts wird das Symbol **mit dem Pfeil nach unten** verwendet.
- Bei speichernd wirkenden Aktionen erfolgt die Zuweisung an einen Bitoperanden mit dem Zuweisungsoperator „:=" und den Werten ‚1' für *True* und ‚0' für *False*.
- Handelt es sich bei dem Operanden nicht um einen booleschen Operanden, so kann ihm je nach Datentyp ein passender numerischer Wert zugewiesen werden. Beispiel: *IntValue1 := 10*
- Für die Realisierung von Vor- bzw. Rückwärtszählern kann der Zuweisungsoperand selbst in die Operation mit eingebunden werden. Beispiel: *ZaehlerStand:= ZaehlerStand + 1*
- Im Gegensatz zu kontinuierlich wirkenden Aktionen werden die speichernd wirkenden Aktionen bei Aktivierung/Deaktivierung **auch** bei **transienten Abläufen ausgeführt**. Denn auch bei instabilen Schritten treten die für diese Aktionen notwendigen Aktivierungs- und Deaktivierungsereignisse auf.

3.4.7 Training

 ControllingFillingTank
BehaelterSteuerung.plclab

 ControllingFillingTank
BehaelterSteuerung.grafcet

Ein Behälter soll mit einem Medium gefüllt werden. Nach dem Füllen soll das Medium im Behälter auf 35 °C temperiert und dabei mit einem Rührwerk gerührt werden. Danach wird das Rührwerk abgeschaltet und der Behälter entleert.

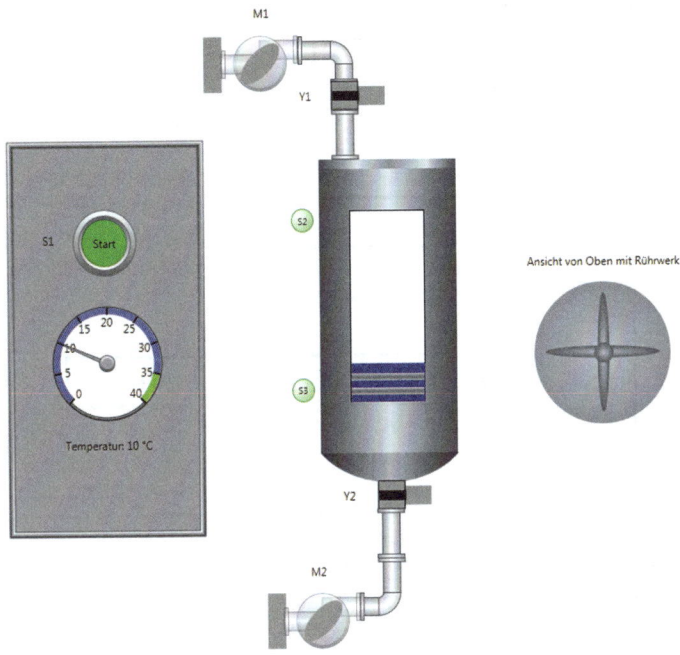

Bild 3.34 Technologieschema zur Behälter-Steuerung

Benennung der Operanden:

S1Start	Taster „Start", Wert = True wenn betätigt
S2BehaelterVoll	Sensor Behälter voll, Wert = False wenn Behälter voll ist
S3BehaelterLeer	Sensor Behälter leer, Wert = False wenn Behälter geleert ist
TempWert	Temperatur-Sensor der Flüssigkeit, ganzzahliger Wert 10–35 °C
M1PumpeFuellen	Pumpe zum Füllen des Behälters
Y1Fuellen	Ventil zum Füllen des Behälters, True = Ventil öffnen
M2Ruehrwerk	Motor des Rührwerks
M3PumpeEntleeren	Pumpe zum Entleeren des Behälters
Y2Entleeren	Ventil zum Entleeren des Behälters
Heizung	Heizung zum Beheizen der Flüssigkeit

3 Lernphasen

3.4.7.1 Lösung

In **Bild 3.35** ist die Lösung zu sehen. Die Lösung für diese Aufgabe gestaltet sich schon etwas umfangreicher.

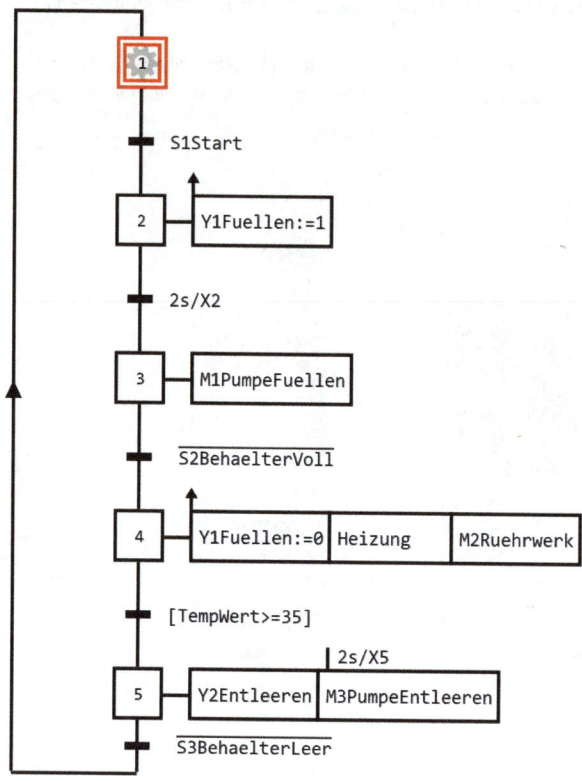

Bild 3.35 Medium Füllen, Heizen, Rühren und Entleeren

Die Ausgangssituation für einen leeren Behälter (*S2BehaelterVoll* ist *True* und *S3BehaelterLeer* ist *False*) zeigt **Bild 3.35**.

3 Lernphasen

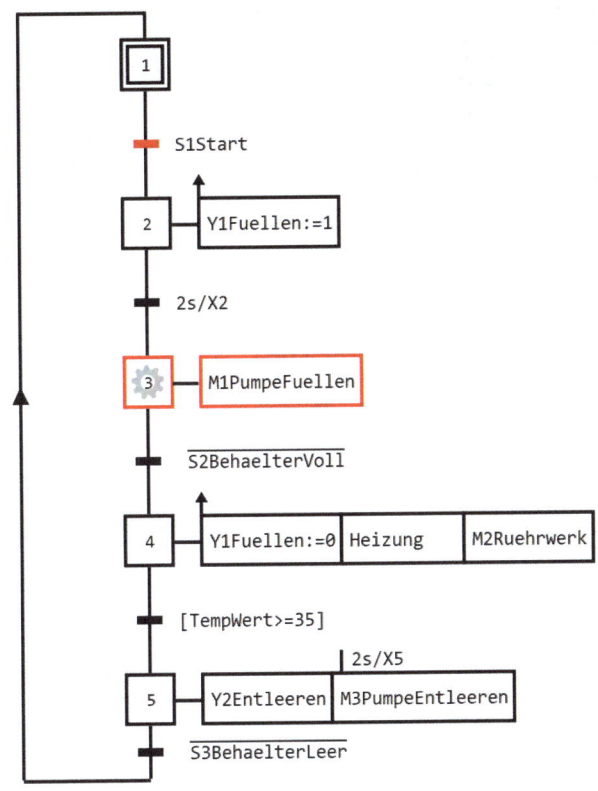

Bild 3.36 Behälter füllen

Nun wird der Start-Taster betätigt und der Behälter gefüllt (**Bild 3.36**). In Schritt *2* wird das Ventil geöffnet und die Zeit der Transitionsbedingung gestartet. Nach zwei Sekunden erfolgt der Übergang zu Schritt *3* und somit das Einschalten der Pumpe. Der Sensor *S2BehaelterVoll* liefert *False*, wenn er von Flüssigkeit umspült ist; deshalb wird der Sensor negiert in die Transitionsbedingung eingebunden. Ist der Behälter voll, dann erfolgt der Übergang zu Schritt *4* und die Pumpe wird abgeschaltet.

Hinweis 1:

In Schritt *2* wurde das Ventil mit der **speichernd wirkenden** Aktion *Y1Fuellen:= 1* dauerhaft gesetzt, während in Schritt *3* die Pumpe *M1PumpeFuellen* über eine **kontinuierlich wirkende** Aktion beeinflusst wird. Somit muss der Operand *Y1Fuellen* in einer weiteren speichernd wirkenden Aktion explizit auf den Wert 0 gesetzt werden. Dies geschieht bei Aktivierung von Schritt *4*.

Hinweis 2:

Die Temperatur wird analog gemessen und digitalisiert. Der digitalisierte Wert ist kein Bitoperand. Im Beispiel ist die Temperatur ein ganzzahliger Wert. Der Term für die Transitionsbedingung nach Schritt *4* muss der Norm entsprechend in eckige Klammern gesetzt werden *[TempWert>=35]*. Es handelt sich dabei um einen Vergleich: Er liefert den Wert *True*, wenn der Inhalt des Operanden *TempWert* größer oder gleich *35* ist. Dann erfolgt der Übergang.

3 Lernphasen

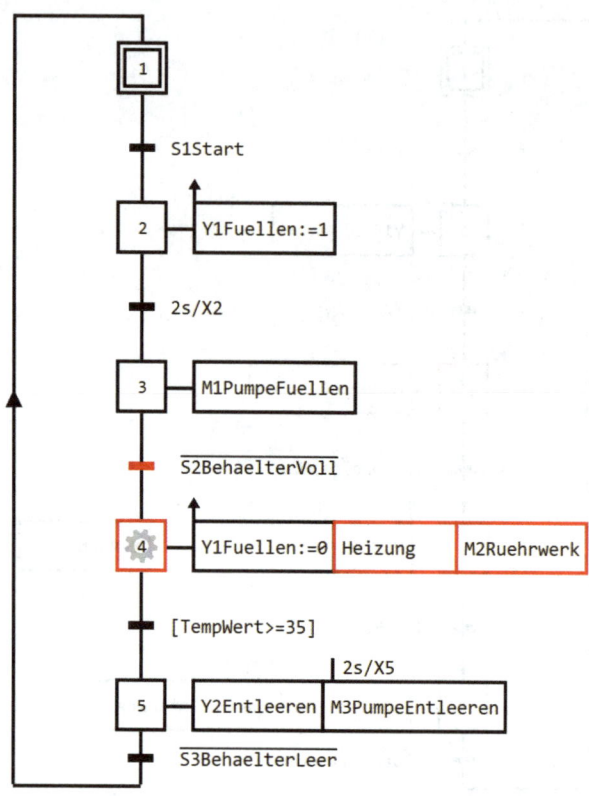

Bild 3.37 Heizen und Rühren

In **Bild 3.37** ist Schritt *4* aktiv und somit die Heizung eingeschaltet. Ebenso wird mit der positiven Flanke des Schritts das geöffnete Ventil zum Befüllen mit *Y1Fuellen:=0* wieder geschlossen. Schritt *4* ist so lange aktiv, bis eine Temperatur von 35 °C erreicht ist. Die Temperatur beträgt aktuell 20 °C. Das Rührwerk *M2Ruehrwerk* wird durch die kontinuierlich wirkende Aktion eingeschaltet.

3 Lernphasen

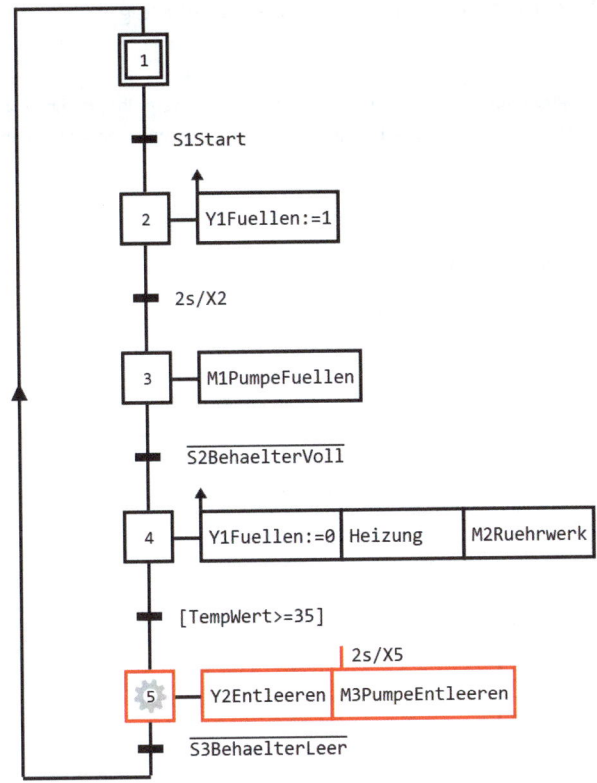

Bild 3.38 Entleeren

In obigem Bild ist Schritt 5 aktiv und der Behälter wird entleert. Die Pumpe und das Ventil zur Entleerung sind dabei gesetzt und warten auf die Leermeldung *S3BehaelterLeer* mit *False*, damit die Rückführung zum Initialschritt erfolgt und die gesamte Prozedur erneut gestartet werden kann.

Mit Hilfe der zeitabhängigen Zuweisungsbedingung an der Aktion *M3PumpeEntleeren* wurde die Verzögerung von zwei Sekunden gegenüber dem Öffnen des Ventils *Y2Entleeren* realisiert. Somit wurde eine etwas andere Umsetzung als beim Befüllen gewählt, wo ebenfalls die Pumpe zwei Sekunden nach dem Öffnen des Ventils zugeschaltet wird. Mit der zweiten Lösung wurde ein Schritt eingespart.

3.4.8 Kontrollfragen

- Wodurch unterscheidet sich eine kontinuierlich wirkende Aktion von einer speichernd wirkenden Aktion?
- Wie ist die speichernd wirkende Aktion bei Aktivierung erkennbar?
- Wie ist die speichernd wirkende Aktion bei Deaktivierung erkennbar?
- Wie lange bleibt der zugewiesene Wert eines Operanden bei einer speichernd wirkenden Aktion erhalten?
- Wie lautet der Term für einen Vorwärtszähler, der mit dem Operanden *ZaehlerStand1* und einer speichernd wirkenden Aktion realisiert werden soll?
- In welche Zeichen ist der Term einer Transitionsbedingung einzurahmen, wenn ein Vergleich mit einem ganzzahligen Operanden durchgeführt wird?

3.5 Lernphase 5: Speichernd wirkende Aktion bei einem Ereignis

3.5.1 Lernziel

Die **speichernd wirkende Aktion bei einem Ereignis** wird erst wirksam, wenn ihre Bedingung erfüllt ist. In dieser Lernphase soll die speichernd wirkende Aktion bei Ereignis vorgestellt und angewendet werden.

Lernschritte:

- Speichernd wirkende Aktion bei Ereignis
- Definition einer Bedingung für das Ereignis
- Anwendung der Operatoren UND (*) bzw. ODER (+)

3.5.2 Wissenswertes

Die speichernd wirkende Aktion bei einem Ereignis wird durch das Symbol eines nach links wehenden Fähnchens dargestellt. Daneben wird die Bedingung für die Aktion definiert. In **Bild 3.39** ist ein Beispiel für die speichernd wirkende Aktion bei einem Ereignis zu sehen. Als Ereignis wird dabei die negative Flanke von *S3* angegeben. Wenn der Schritt *2* aktiv ist und **danach** die negative Flanke am *S3* auftritt (*S3* also vom Status *True* auf den Status *False* wechselt), dann wird der Motor *M1* gestartet.

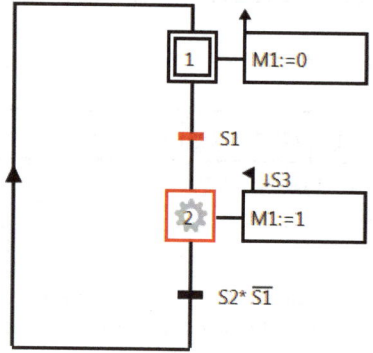

Bild 3.39 Speichernd wirkende Aktion bei einem Ereignis mit negativer Flanke

Im Gegensatz zur kontinuierlich wirkenden Aktion mit Zuweisungsbedingung ist bei der speichernd wirkenden Aktion bei Ereignis Folgendes zu beachten:

Das Ereignis muss auftreten, <u>nachdem</u> der Schritt, mit dem die Aktion verbunden ist, aktiv wurde. Ist der Schritt nicht aktiv, dann wird der Term für das Ereignis nicht ausgewertet.

Im obigen Beispiel bedeutet dies: Tritt die negative Flanke am *S3* auf, **bevor** der Schritt *2* aktiv ist, und wird danach der Schritt *2* aktiv, dann ist das Ereignis **nicht** erfüllt.

In der Transitionsbedingung nach Schritt *2* ist eine UND-Verknüpfung angegeben. Der UND-Operator „*" verknüpft dabei die beiden Operanden *S2* und *S1*, wobei *S1* negiert in die Operation eingebunden ist. Die Bedingung ist somit erfüllt, wenn *S2* den Status *True* **und** *S1* den Status *False* hat.

Eine UND-Verknüpfung erfolgt über das Zeichen „*", eine ODER-Verknüpfung über das Zeichen „+".

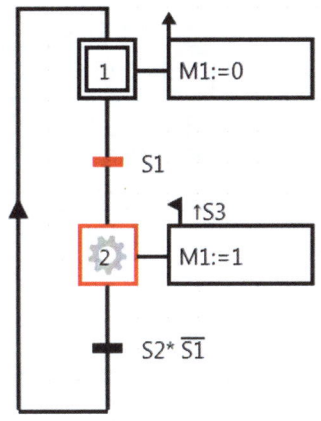

Bild 3.40 Speichernd wirkende Aktion bei einem Ereignis mit positiver Flanke

In obigem Bild wird ein Beispiel für die speichernd wirkende Aktion bei positiver Flanke gezeigt. Ist der Schritt *2* aktiv und tritt danach eine positive Flanke bei *S3* auf (Wechsel des Status von *False* nach *True*), dann wird der Motor *M1* gestartet.

Hinweis zur Eingabe von Flankenoperationen: Negative bzw. positive Flanken werden in GRAFCET-Studio mit STRG + [Pfeil nach oben] bzw. [Pfeil nach unten] eingegeben.

3.5.3 Anwendung

 Ohne PLC-Lab-Anlage!  M1M2.grafcet

Es soll ein GRAFCET mit folgenden Bedingungen entwickelt werden:

Schritt 1: *M2* und *S2* müssen inaktiv (*False*) sein, um den Motor *M1* über eine kontinuierlich wirkende Aktion mit Zuweisungsbedingung einzuschalten (Grundstellung).
Schritt 2: Die Weiterschaltung in den Schritt *2* erfolgt, wenn *M1* und *S1 True* sind. In Schritt *2* soll über eine speichernd wirkende Aktion beim Ereignis „positive Flanke von *S2*" der Motor *M2* auf *True* gesetzt werden.
Schritt 3: Wird *S1* wieder *False*, dann wird Schritt *3* für zwei Sekunden aktiv und mit dem **Verlassen** von Schritt *3* der Operand *M2* auf *False* gesetzt. Daraufhin ist der Initialschritt wieder aktiv.

Hinweis: Die Aufgabenstellung zur Anwendung wird rein textuell beschrieben. Es ist empfehlenswert, den GRAFCET mit GRAFCET-Studio schrittweise wie beschrieben aufzubauen.

3 Lernphasen

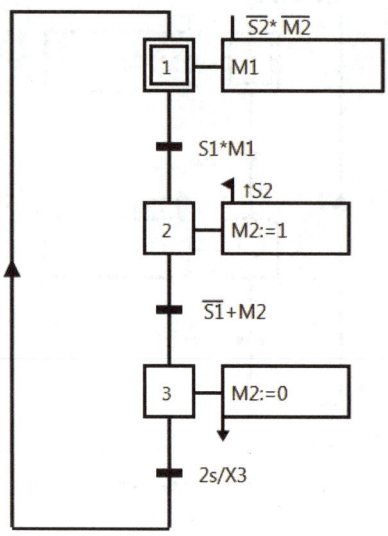

Bild 3.41 Lösung zur Anwendung

3.5.4 Test der Anwendung

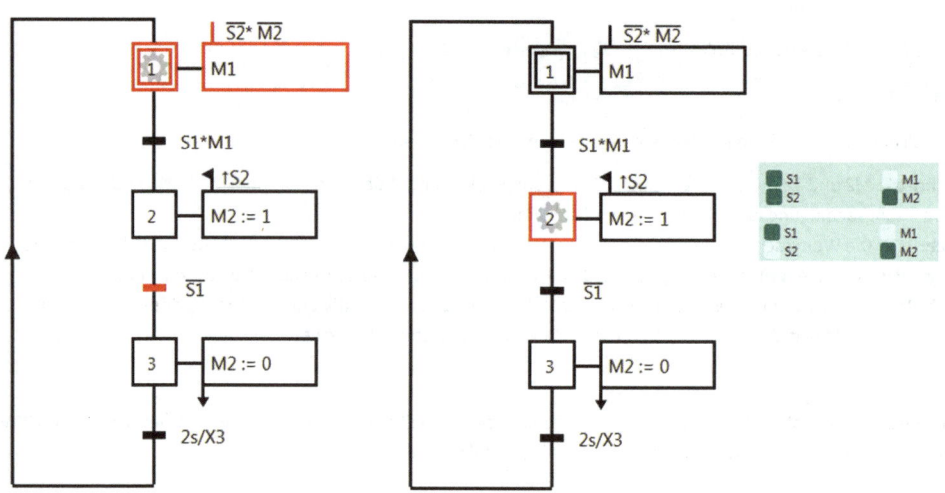

Bild 3.42 Speichernd wirkende Aktion bei einem Ereignis

In **Bild 3.42** ist die Grundstellung erfüllt und *M1* ist auf *True* gesetzt. In Schritt *2* ist die speichernd wirkende Aktion mit dem Ereignis „pos. Flanke von *S2*" zu sehen. Ist Schritt *2* aktiv und wechselt anschließend *S2* von *False* auf *True* (pos. Flanke), wird auch *M2* der Wert *True* zugewiesen. Wie im I/O-Panel des GRAFCET-Studios zu sehen, bleibt *M2* auf dem Wert *True,* auch wenn *S2* wieder auf *False* wechselt.

Die Anwendung soll so geändert werden, dass der Übergang von Schritt *2* nach Schritt *3* ausgeführt wird, sobald *S1* den Wert *False* besitzt oder aber Schritt *2* bereits drei Sekunden aktiv war.

3 Lernphasen

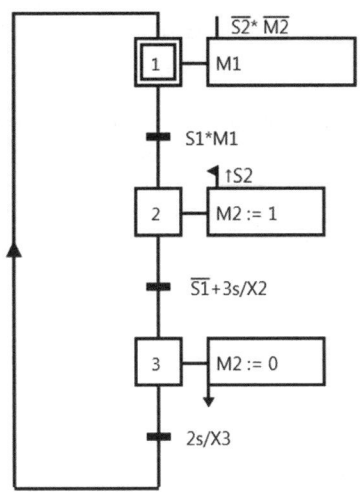

Bild 3.43 Neue Transitionsbedingung nach Schritt *3* mit einer *ODER*-Verknüpfung

3.5.5 Zusammenfassung

- Für die speichernd wirkende Aktion bei Ereignis wird das Symbol **mit dem Pfeil nach links** verwendet. Das Symbol erinnert dabei an ein Fähnchen.
- Eine gültige Bedingung (Term) für das Ereignis muss angegeben werden.
- Sollen in der Bedingung Operanden über eine UND-Operation verknüpft werden, so ist die UND-Operation mit dem Zeichen „*" anzugeben.
- Sollen in der Bedingung Operanden über eine ODER-Operation verknüpft werden, so ist die ODER-Operation mit dem Zeichen „+" anzugeben.
- Bei speichernd wirkenden Aktionen bei einem Ereignis erfolgt die Zuweisung mit Hilfe des Zuweisungsoperators „:=".
- Die GRAFCET-Norm empfiehlt, das Ereignis mit einer ↑positiven oder ↓negativen Flanke zu versehen.

3 Lernphasen

3.5.6 Training

Press.plclab
Presse.plclab

Press.plclab
Presse.grafcet

Der Pressvorgang einer hydraulischen Kurzhubpresse wird mit der Zweihand-Start-Taste und einem eingelegten Werkstück (Blech) gestartet. Dabei schließt sich die Presse so lange, bis der Pressdruck von 50 bar erreicht ist. Danach erfolgt eine Ruhepause von fünf Sekunden und die Presse öffnet sich wieder. Nachdem das Werkstück bei offener Presse entnommen wurde, ist die Grundbedingung wiederhergestellt und es wird signalisiert, dass ein neues Werkstück eingelegt werden kann.

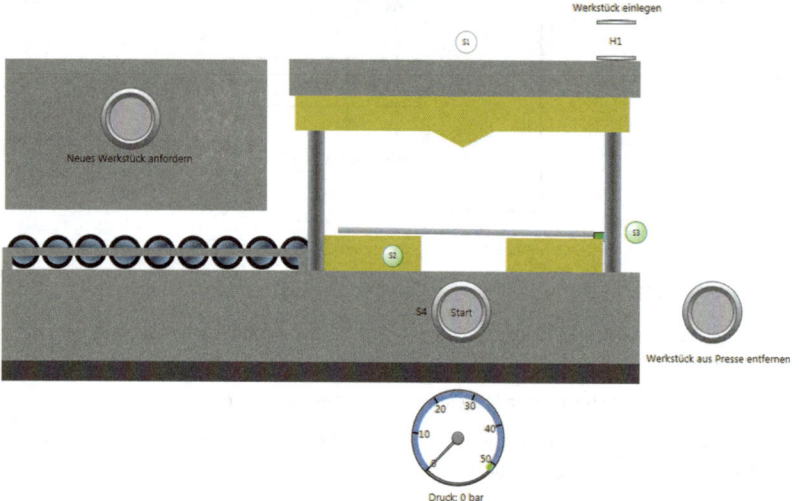

Bild 3.44 Technologieschema zur hydraulischen Presse

Benennung der Operanden:

S1PresseOben	Sensor Presse oben, Wert = False wenn betätigt
S2PresseUnten	Sensor Presse unten, Wert = False wenn betätigt
S3WerkstueckEingelegt	Sensor Werkstück ist eingelegt, Wert = True wenn betätigt
S4Start	Taster „Start", liefert True wenn betätigt
PressdruckInBar	Sensor für den aufgebauten Pressdruck, Wert im Bereich 0–50 bar
Y1PresseSchliessen	Ventil zum Schließen der Presse, True = Presse schließt sich
Y2PresseOeffnen	Ventil zum Öffnen der Presse, True = Presse öffnet sich
H1WerkstEinlegen	Lampe „Werkstück einlegen"

3.5.6.1 Lösung

Schritt 1:

Mit der Grundstellung – Presse ist oben (negierte Abfrage von *S1PresseOben*) – wird die Lampe *H1WerkstEinlegen* gesetzt; das signalisiert dem Bediener, dass ein Werkstück eingelegt werden kann. Die Transitionsbedingung der nachfolgenden Transition ist erfüllt, sobald die Verknüpfung *H1WerkstEinlegen UND S3WerkstueckEingelegt* den Wert *True* liefert. Dann erfolgt der Übergang zu Schritt 2.

Schritt 2 und Schritt 3:

In Schritt 2 wird *Y1PresseSchliessen* auf True gesetzt, sobald die positive Flanke *S4Start* erkannt wird. Die Presse schließt sich und es wird der Druck aufgebaut.

Schritt 4:

In diesem Schritt wird nun *Y1PresseSchliessen* abgeschaltet, da der Druck >= 50 bar erreicht wurde, woraufhin die Ruhephase mit *5s/X4* beginnt.

Schritt 5:

Die Presse wird geöffnet und wartet nun darauf, dass der Bediener das Werkstück manuell entfernt und somit *S3WerkstueckEingelegt* den Wert *False* annimmt.

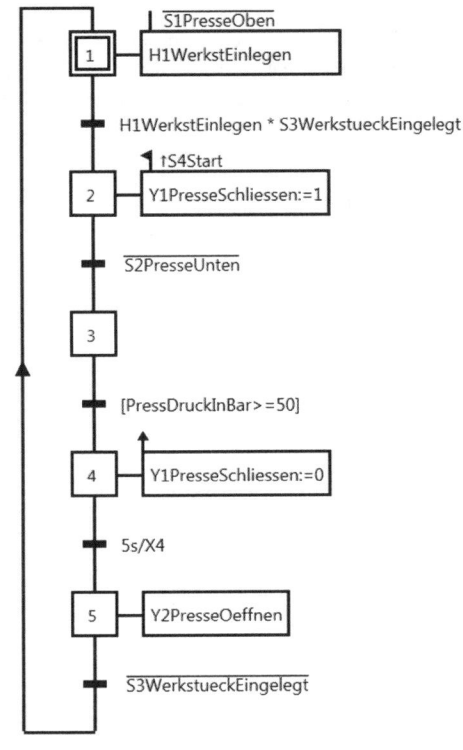

Bild 3.45 GRAFCET zur hydraulischen Kurzhubpresse

3.5.7 Kontrollfragen

- Was ist das Besondere an einer speichernd wirkenden Aktion bei einem Ereignis gegenüber der speichernd wirkenden Aktion ohne ein Ereignis?
- Wann wird das Ereignis bei einer speichernd wirkenden Aktion bei Ereignis ausgewertet?
- Welche Flanken kann das Ereignis haben?
- Muss bei der speichernd wirkenden Aktion mit einem Ereignis auch der Zuweisungsoperator „:=" verwendet werden?
- Mit welchem Zeichen wird eine *UND*-Verknüpfung innerhalb eines Terms dargestellt?
- Mit welchem Zeichen wird eine *ODER*-Verknüpfung innerhalb eines Terms dargestellt?
- Warum ist der Ausdruck *[PressdruckInBar>= 50]* in eckige Klammern gesetzt?
- In der nachfolgenden Darstellung ist Schritt *1* aktiv. Wird der Übergang zu Schritt *2* ausgeführt, wenn nur *S4* den Wert *True* besitzt?

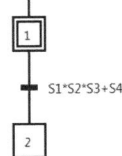

3 Lernphasen

3.6 Lernphase 6: Makroschritt

3.6.1 Lernziel

Insbesondere bei umfangreicheren GRAFCETs ist es nicht einfach die Übersichtlichkeit zu wahren. Makroschritte können hierbei sehr hilfreich sein. Mit Makroschritten hat man die Möglichkeit, Schritte zusammenzufassen und auszulagern. Diese ausgelagerten Schritte sind dann mit Hilfe eines Überbegriffs (dem Makroschritt) ansprechbar. Ein Makroschritt besitzt einen Eingangsschritt und einen Ausgangsschritt. Des Weiteren muss die in einem Makroschritt befindliche GRAFCET-Struktur komplett abgearbeitet werden.

In dieser Lernphase werden Makroschritte vorgestellt und angewendet.

Lernschritte:

- Erstellung eines Makroschritts und seiner Expansion (Umsetzung)
- Benennung und Verwendung des Eingangs- und Ausgangsschritts

3.6.2 Wissenswertes

In **Bild 3.46** wird der Makroschritt **M2** innerhalb einer Ablaufkette verwendet. Im Symbol für den Makroschritt ist, wie bei jedem Schritt, die Bezeichnung des Schritts anzugeben. Allerdings ist beim Makroschritt das Präfix **M** bei der Bezeichnung notwendig.

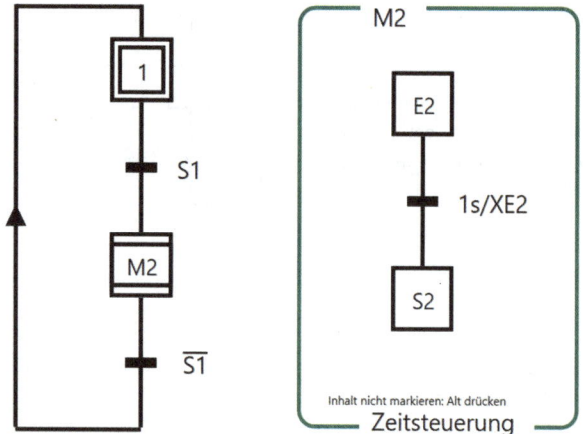

Bild 3.46 Der Makroschritt *M2*

Der Makroschritt *M2* kann als Schrittvariable mit der Bezeichnung *XM2* angesprochen werden. Der Makroschritt *M2* repräsentiert die im Rahmen „M2" dargestellten Schritte (**Expansion**).

Die Expansion (bzw. die Umsetzung) des Makroschritts beginnt immer mit dem Anfangsschritt, gekennzeichnet durch das Präfix **E** (*Entrée = Eingang*) und die Makroschrittbezeichnung. Das Ende des Makroschritts wird mit dem Präfix **S** (*Sortie = Ausgang*) gekennzeichnet und stellt den Ausgangsschritt dar. In GRAFCET-Studio muss der Rahmen, welcher die Expansion beinhaltet, ebenfalls die Bezeichnung des Makroschritts tragen. Im obigen Beispiel ist der Rahmen deswegen mit „M2" bezeichnet. **Hinweis: Auf den Rahmen „M2" kann auch verzichtet werden.** Wichtig ist, dass der Eingangs- und Ausgangsschritt vorhanden ist.

Es ist wichtig, für die Schrittbezeichnungen des Eingangsschritts und des Ausgangsschritts die Bezeichnung des Makroschritts zu verwenden, und zwar mit dem entsprechenden Präfix. Beispiel: Die Umsetzung des Makroschritts *M12* würde demnach mit dem Eingangsschritt *E12* beginnen und mit dem Ausgangsschritt *S12* enden.

Für das Verlassen des Makroschritts muss seine Umsetzung vollständig bearbeitet worden sein. Dies bedeutet, der Ausgangsschritt muss aktiv sein und danach kann die dem Makroaufruf folgende Transition die Weiterschaltung

3 Lernphasen

bewirken. Oder mit anderen Worten: Erst wenn der Ausgangsschritt aktiv ist, ist die Transition nach dem Makroschritt freigegeben.

Im obigen Beispiel muss also zunächst der Schritt *S2* aktiv sein, danach kann über die nach *M2* folgende Transition bei *S1 = False* der Übergang zum Initialschritt *1* erfolgen.

Im Prinzip ist ein Makro nichts anderes als eine Verlängerung der GRAFCET-Struktur des Aufrufers.

Einem Makroschritt kann auch eine Aktion zugewiesen werden. Im Beispiel wurde eine kontinuierlich wirkende Aktion am *M2* angebracht, welche den Operanden *Y1* beschreibt.

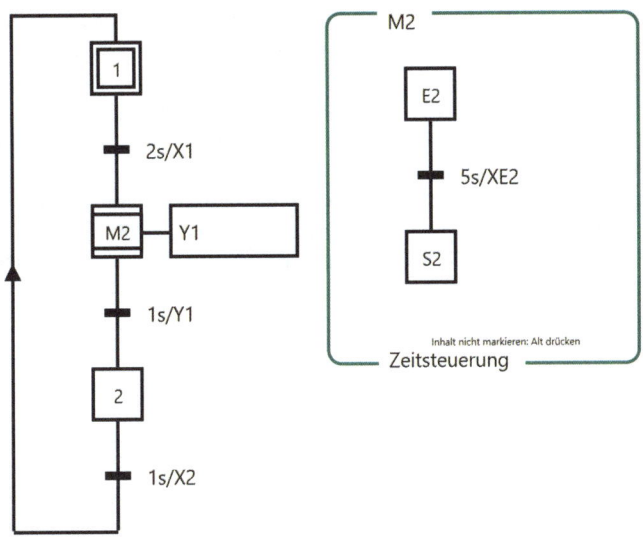

Bild 3.47 Der Makroschritt *M2* mit angebrachter kontinuierlich wirkender Aktion

3 Lernphasen

3.6.3 Anwendung

 LoadingContainer.plclab  LoadingContainer.grafcet
MuldenBeladen.plclab   MuldenBeladen.grafcet

Eine Kippmulde mit Waage wird durch eine Mühle nach dem Startsignal *S1Start* solange befüllt, bis die Waage *S3KippmuldeVoll* meldet. Zuvor soll die zu beladende Mulde über ein Band zum Endschalter *S2* befördert werden. Die Umsetzung soll mit Hilfe des Makroschritts *M2* erfolgen.

Anbei die im Makroschritt umzusetzende Funktionalität:

Mit der Starttaste *S1Start* wird der Makroschritt *M2* aktiv und somit auch dessen Eingangsschritt *E2*, welcher die zu beladende Mulde in Position *S2MuldeAnPos* fährt. Dann wird der Mühlenmotor *M2Muehle* solange eingeschaltet, bis die Kippmulde das Vollsignal *S3KippMuldeVoll* mit dem Wert *False* meldet. Danach wird die Kippmulde mit *M3KippMuldeKippen* gekippt und mit Erreichen des Endschalters *S5KippmuldeGekippt* eine Verzögerungszeit von zwei Sekunden gestartet. Innerhalb dieser Zeit fällt das Material aus der Mulde in die zu beladende Mulde. Im nächsten Schritt wird die Kippmulde wieder in ihre Grundposition *S4KippMuldeBeladePos* über die Aktion *M4KippMuldeInBelPos* gefahren. Im Ausgangsschritt *S2* wird die beladene Mulde über das Band (*M1Band := 1*) solange abtransportiert, bis im Haupt-GRAFCET die Transitionsbedingung nach dem Makroaufruf *S2MuldeAnPos* wieder *False* liefert. Somit hat eine weitere leere Mulde die Befüllposition erreicht.

Im Haupt-GRAFCET wird mit Schritt *5* der Bandmotor abgeschaltet (*M1Band:= 0*) und anschließend erfolgt der Übergang zum Initialschritt.

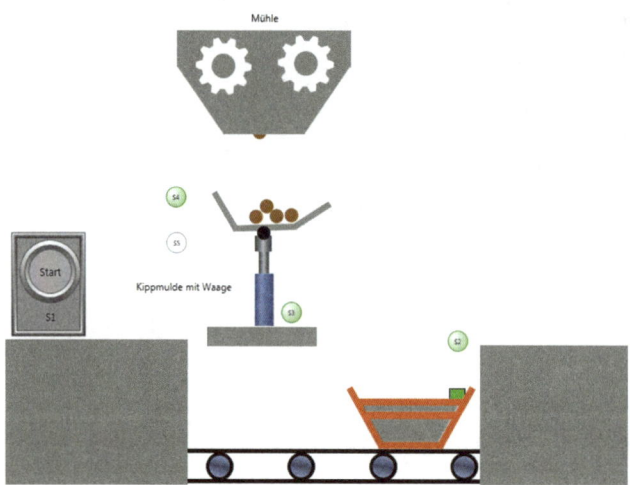

Bild 3.48 Technologieschema der Kippmulde mit Waage

Benennung der Operanden:

S1Start	Taster „Start", Wert = True wenn betätigt
S2MuldeAnPos	Sensor Mulde an Position, Wert = True wenn betätigt
S3KippMuldeVoll	Sensor Kippmulde ist gefüllt, Wert = **False** wenn gefüllt
S4KippMuldeBeladePos	Sensor Kippmulde ist in Beladeposition, Wert = True wenn betätigt
S5KippMuldeGekippt	Sensor Kippmulde ist in abgekippter Position, Wert = True wenn betätigt
M1Band	Bandmotor
M2Muehle	Mühlenmotor
M3KippMuldeKippen	Motor zum Kippen der Mulde
M4KippMuldeInBelPos	Motor zum Bewegen der Kippmulde in die Beladeposition

3 Lernphasen

In Bild unten links ist der Haupt-GRAFCET dargestellt. Die Hauptfunktionalität ist in der Expansion des Makroschritts *M2* umgesetzt.

Hinweis: Nachdem der Makroschritt die Mulde abtransportiert hat, wird in Schritt *5* das Band mit *M1Band:= 0* wieder abgeschaltet. Da unmittelbar danach der Übergang zum Initialschritt erfolgen soll und dies ohne eine Transition nicht möglich ist, wird die dem Schritt *5* nachfolgende Transition mit der konstanten Transitionsbedingung *,1'* versehen. Diese ist immer *True,* sodass die Weiterschaltbedingung immer vorhanden ist.

Die komplette Lösung inkl. der Expansion des Makroschritts *M2*:

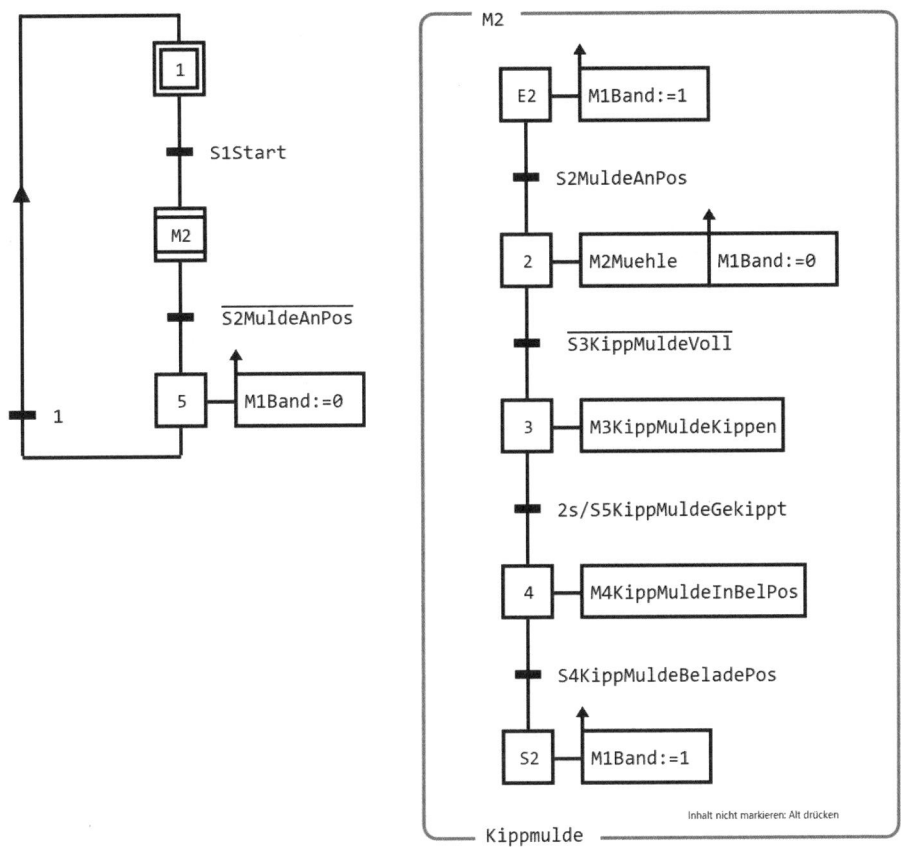

Bild 3.49 Lösung zur Anwendung mit dem Makroschritt *M2*

3 Lernphasen

3.6.4 Test der Anwendung

In **Bild 3.50** ist die Situation dargestellt, nachdem der Makroschritt *M2* komplett abgearbeitet wurde. Der Ausgangsschritt *S2* ist aktiv und bleibt dies, bis die Transitionsbedingung *S2MuldeAnPos = False* im Haupt-GRAFCET erfüllt ist.

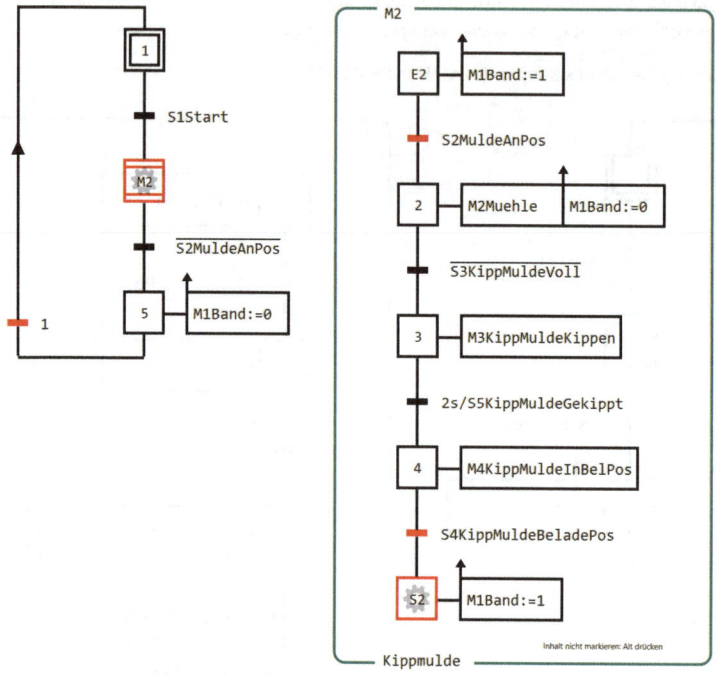

Bild 3.50 Kippmulde mit Waage im Testbetrieb

3.6.5 Zusammenfassung

- Ein Makroschritt wird mit dem Präfix **M** und der Schrittbezeichnung gekennzeichnet. Beispiel: *M2*.
- Die Expansion (bzw. die Umsetzung) des Makroschritts beginnt immer mit einem Eingangsschritt, welcher mit dem Präfix **E** und der Schrittbezeichnung des Makroschritts bezeichnet ist (z.B. *E3*).
- Die Expansion (bzw. die Umsetzung) des Makroschritts endet immer mit einem Ausgangsschritt, welcher mit dem Präfix **S** und der Schrittbezeichnung des Makroschritts bezeichnet ist (z.B. *S3*).
- Die Umsetzung des Makroschritts muss komplett abgearbeitet sein, sich also am Ausgangsschritt befinden. Erst dann ist die Transition nach dem Makroschritt freigegeben und bei Erfüllung der Transitionsbedingung kann der Übergang ausgelöst werden. Erfolgt der Übergang, dann wird der Ausgangsschritt deaktiviert.
- Makroschritte werden zur Strukturierung eines GRAFCET verwendet. Insbesondere bei größeren Ablaufketten kann dieses Stilmittel die Lesbarkeit des GRAFCET wesentlich verbessern.
- Am Makroschritt können Aktionen angebracht werden. Solange ein Schritt innerhalb der Umsetzung des Makroschritts aktiv ist, ist auch der mit dem Präfix M bezeichnete Schritt aktiv.
- Wie bei einem ‚normalen' Schritt wird die Schrittvariable eines Makroschritts aus dem Präfix X und der Bezeichnung des Makroschritts gebildet (z.B. XM5).

3.6.6 Training

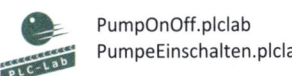 PumpOnOff.plclab
PumpeEinschalten.plclab
 PumpOnOff.grafcet
PumpeEinschalten.grafcet

Wiederkehrende Schrittketten können ebenfalls als Makroschritte realisiert werden. Der Vorgang, eine Pumpe einzuschalten, erfordert meist auch das Öffnen eines Ventils. Die Pumpe ist dabei verzögert gegenüber dem Öffnen des Ventils einzuschalten. Diese Funktion soll als Makroschritt programmiert werden. In der Ablaufkette sollen insgesamt zwei Pumpen mit je einem Ventil über jeweils einen Makroschritt (M2, M3) eingeschaltet werden. **Nach Drücken von S1, öffnet sich das Ventil Y1 und 2 Sekunden später wird M1 eingeschaltet. Mit M1 wird auch Y2 geöffnet und wiederum zwei Sekunden später die Pumpe M2.** Der Stopp-Taster schaltet mit *S2Stop = False* beide Pumpen aus und schließt die beiden Ventile.

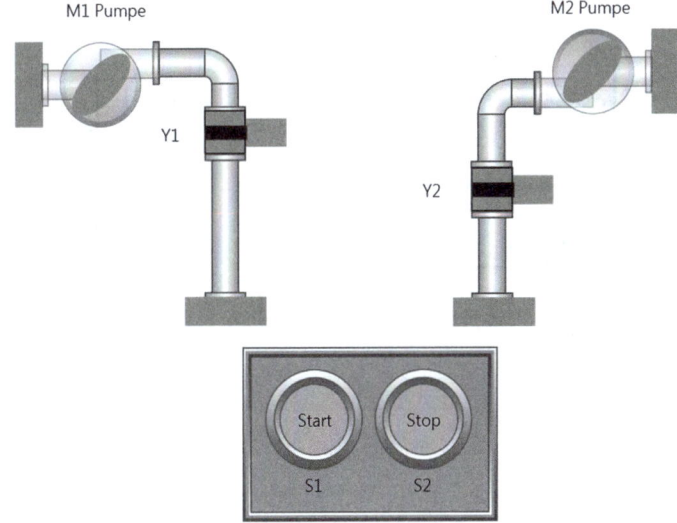

Bild 3.51 Technologieschema zum Training: Pumpen einschalten über Makroschritte

Benennung der Operanden:

S1Start	Taster „Start", liefert True wenn betätigt
S2Stop	Taster „Stop", liefert False wenn betätigt
Y1	Ventil Y1, True = Ventil öffnet sich
M1Pumpe	Pumpe M1
M2Pumpe	Pumpe M2
Y2	Ventil Y2, True = Ventil öffnet sich

3.6.6.1 Lösung

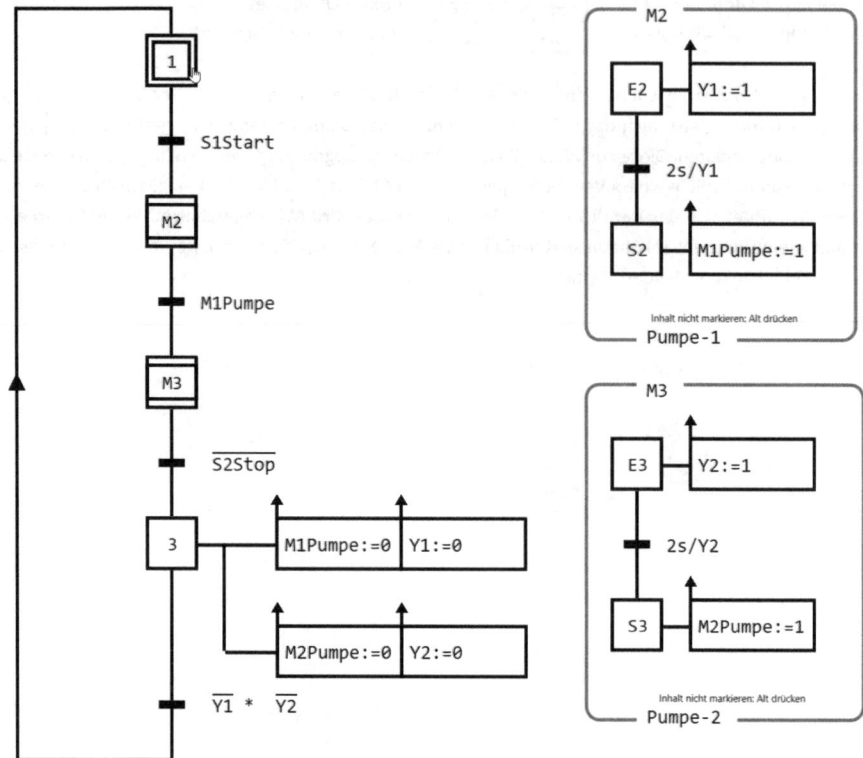

Bild 3.52 Makroschritt-Anwendungen für Pumpe einschalten

Schritt 1:

Der Initialschritt *1* ist so lange aktiv, bis die Transitionsbedingung *S1Start = True* erfüllt ist und damit der Übergang zum Makroschritt *M2* ausgeführt wird (**Bild 3.52**).

Schritt M2:

Der Makroschritt *M2* wird aktiv und somit auch dessen Eingangsschritt *E2*, der das Ventil *Y1* mit Hilfe einer speichernd wirkenden Aktion bei Aktivierung öffnet. Die Pumpe 1 wird nach zwei Sekunden mit einer speichernd wirkenden Aktion bei Aktivierung von Schritt *S2* eingeschaltet. Nun kann die Transition nach dem Makroschritt *M2* den Übergang zum Makroschritt M3 auslösen.

Schritt M3:

Ist der Makroschritt *M3* aktiv, so wird auch dessen Eingangsschritt *E3* aktiviert. Durch die speichernd wirkende Aktion bei Aktivierung am Schritt *E3*, erfolgt die Zuweisung *Y2:= 1*, was zum Öffnen des Ventils *Y2* führt. Die Pumpe 2 wird nach einer Verzögerung von zwei Sekunden ebenfalls eingeschaltet. Dieser Vorgang wird dabei von Schritt *S3* ausgelöst. Der Makroschritt *M3* ist somit komplett bearbeitet und der Übergang zum Schritt *3* würde erfolgen, sobald die Transitionsbedingung nach *M3* erfüllt ist (**Bild 3.53**). Dies wäre der Fall, wenn der Stop-Taster betätigt wird und somit der Operand *S2Stop* den Wert *False* besitzt.

Die Pumpen und die Ventile werden durch speichernd wirkende Aktionen abgeschaltet, sobald Schritt *3* aktiviert ist. Sind beide Ventile ausgeschaltet, dann ist die Transitionsbedingung $\overline{Y1} * \overline{Y2}$ erfüllt und es folgt der Übergang zum Initialschritt *1*. Man hätte hier auch durchaus die komplette Bedingung mit $\overline{Y1} * \overline{Y2} * \overline{M1Pumpe} * \overline{M2Pumpe}$ an der Transition angeben können.

3 Lernphasen

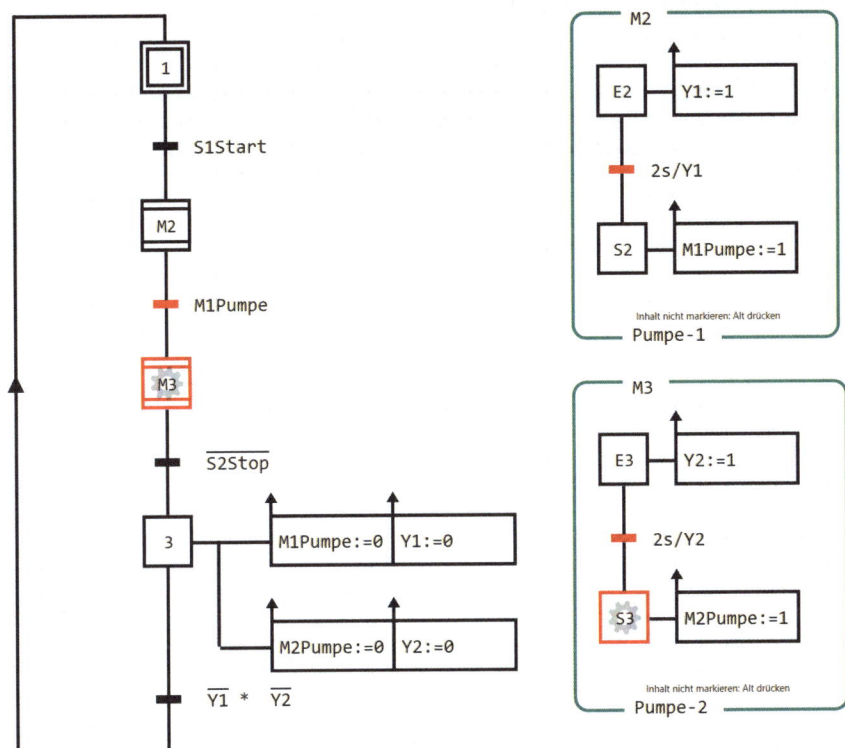

Bild 3.53 Makroschritt-Anwendung für Pumpe einschalten. Darstellung im Run-Betrieb

3.6.7 Kontrollfragen

- Welches Präfix hat ein Makroschritt?
- Mit welchem Präfix ist der Eingangsschritt innerhalb der Expansion eines Makroschritts zu kennzeichnen?
- Mit welchem Präfix ist der Ausgangsschritt innerhalb der Expansion eines Makroschritts zu kennzeichnen?
- Welche Voraussetzungen müssen gegeben sein, damit die Transition nach dem Makroschritt den Übergang auslösen kann?
- Welchen Vorteil bieten Makroschritte?

3 Lernphasen

3.7 Lernphase 7: Einschließender Schritt

3.7.1 Lernziel

Ähnlich dem Makroschritt ist auch der **einschließende Schritt** ein Stilmittel, um einen GRAFCET zu strukturieren. Ein **einschließender Schritt** ruft einen Teil-GRAFCET auf, welcher in einer Gruppe zusammengefasst ist. Wie der einschließende Schritt seine eingeschlossenen Schritte aufruft und wann diese wieder beendet werden, wird in dieser Lernphase erläutert.

Lernschritte:

- Der einschließende Schritt
- Die Einschließungen bzw. die eingeschlossenen Schritte.
- Die jeweiligen Schritte mit Aktivierungsverbindung innerhalb der Einschließungen
- GRAFCET-Strukturierung mit einschließenden Schritten

3.7.2 Wissenswertes

Die eingeschlossenen Schritte (bzw. die Einschließung) werden in einer Gruppe als Teil-GRAFCET zusammengefasst und mit dem Namen des einschließenden Schritts gekennzeichnet. Dieser Name wird links oben an der Gruppenumrandung angegeben. Im linken unteren Eck der Gruppenumrandung ist eine Gruppenbezeichnung einzutragen.
In den Einschließungen eines einschließenden Schritts ist **kein** Initialisierungsschritt vorhanden. Dies wäre nur bei einem einschließenden Anfangsschritt möglich.

In **Bild 3.54** ist Schritt *2* mit dem Symbol eines einschließenden Schritts gekennzeichnet. Dieses Symbol besteht aus einem normalen Rechteck und zusätzlich einem innenliegenden Rechteck, welches gegenüber dem äußeren verdreht ist. Dem einschließenden Schritt *2* sind zwei Gruppen mit eingeschlossenen Schritten zugeordnet.
Diese beiden Teil-GRAFCETs sind mit *G1* und *G2* gekennzeichnet. Die Kennzeichnung befindet sich im linken unteren Eck der Gruppenumrandung und ist für den Aufruf **nicht relevant**. An der Gruppenumrandung **links oben** befindet sich die **Bezeichnung des einschließenden Schritts,** welchem die eingeschlossenen Schritte des Teil-GRAFCETs zugeordnet sind. Im Beispiel ist dort „2" angegeben, da die Teil-GRAFCETs dem einschließenden Schritt mit der Schrittbezeichnung *2* zugehörig sind.

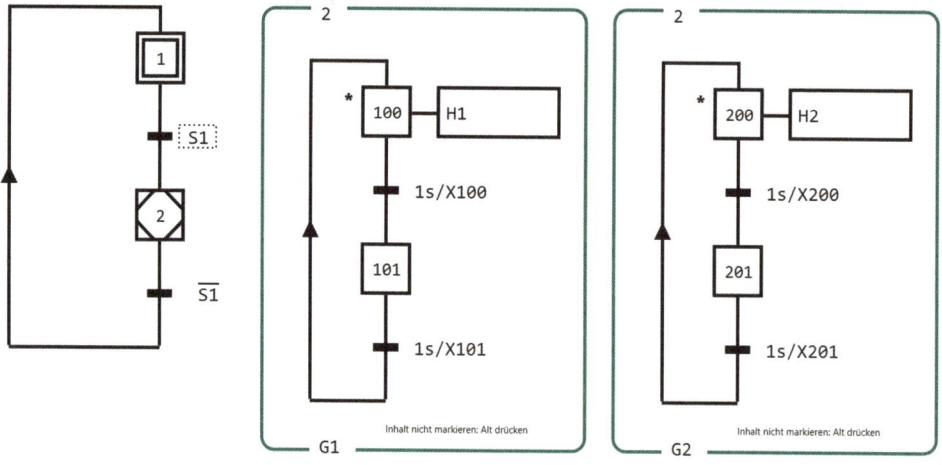

Bild 3.54 Der einschließende Schritt *2* und seine Einschließungen

3 Lernphasen

> Mehrere Einschließungen können durch einen einschließenden Schritt **zur gleichen Zeit** aktiviert werden. **Sie laufen somit parallel, bis der einschließende Schritt deaktiviert wird.**

Jede Einschließung enthält einen (1) Schritt, der mit dem Zeichen „*" links neben dem Schrittsymbol versehen ist. Dieses Symbol kennzeichnet den Startschritt der eingeschlossenen Schritte, d.h. den Schritt, welcher aktiviert wird, sobald der einschließende Schritt selbst aktiv ist. Hierbei wird auch oftmals von einer **Aktivierungsverbindung** gesprochen. Dies bedeutet, die eingeschlossenen Schritte mit diesem Symbol haben eine **Aktivierungsverbindung** zum einschließenden Schritt. Wird der einschließende Schritt aktiviert, dann wird diese Aktivierung an die verbundenen Schritte weitergegeben.

Im Beispiel wurde Schritt *100* im Teil-GRAFCET *G1* sowie Schritt *200* im Teil-GRAFCET *G2* mit diesem Symbol gekennzeichnet. Die Schrittbezeichnungen innerhalb der Einschließung sind beliebig, solange sie nicht doppelt auftreten.

In **Bild 3.55** ist der Zeitpunkt dargestellt, bei dem der Initialschritt *1* aktiv ist. Der einschließende Schritt *2* ist inaktiv. Damit sind auch die eingeschlossenen Schritte der beiden Gruppen *G1* und *G2* inaktiv.

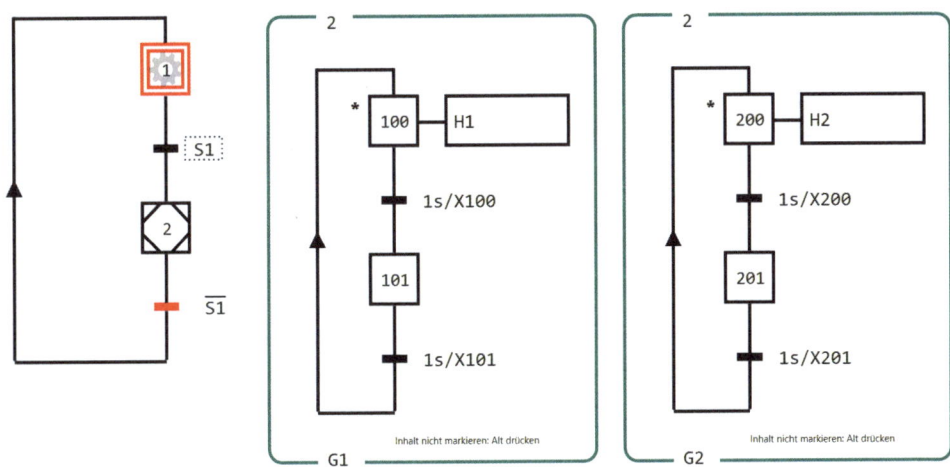

Bild 3.55 Der einschließende Schritt ist noch nicht aktiv.

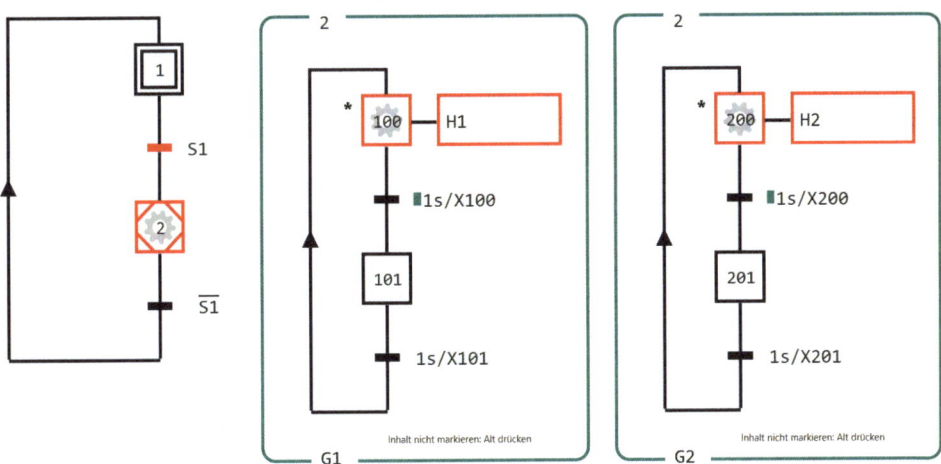

Bild 3.56 Der einschließende Schritt *2* ist aktiv und damit auch die Schritte mit Aktivierungsverbindung der Teil-GRAFCETs *G1* und *G2*.

In **Bild 3.56** wurde der Übergang zum einschließenden Schritt 2 ausgeführt. Die Aktivierung des einschließenden Schritts 2 hat zur Folge, dass in den eingeschlossenen Schritten der Teil-GRAFCETs G1 und G2 die jeweiligen Schritte mit Aktivierungsverbindung aktiv werden. Es handelt sich dabei um die Schritte 100 und 200.

In der Darstellung ist ebenfalls gut zu erkennen, dass die beiden Teil-GRAFCETs G1 und G2 parallel abgearbeitet werden. Der zyklische Ablauf der beiden Einschließungen wird dabei so lange bearbeitet, wie der einschließende Schritt 2 aktiv ist.

> Wird der einschließende Schritt deaktiviert, werden alle Schritte der eingeschlossenen Gruppen (bzw. Einschließungen) ebenfalls deaktiviert.

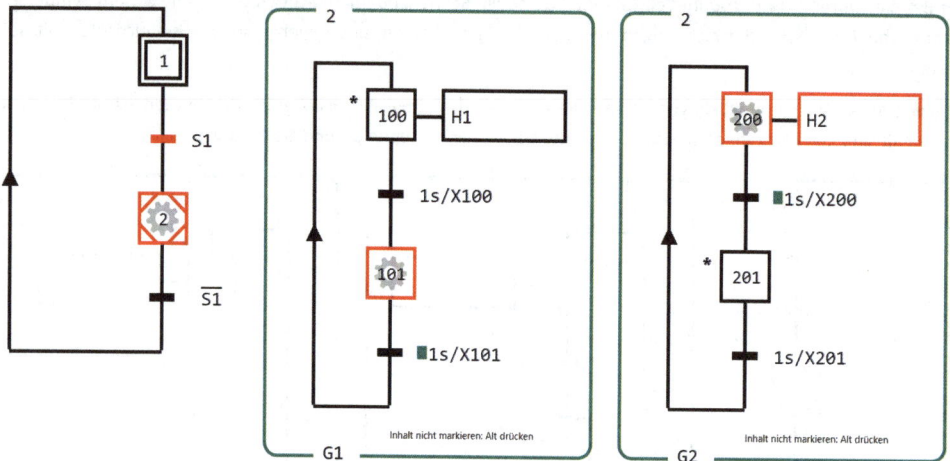

Bild 3.57 Der versetzte Ablauf durch die Änderung des Schritts mit Aktivierungsverbindung

In **Bild 3.57** wurde die Aktivierungsverbindung innerhalb der Gruppe G2 auf den Schritt 201 gelegt (Stern-Symbol). Diese Änderung bewirkt, dass bei Aktivierung des einschließenden Schritts 2 innerhalb des Teil-GRAFCET G2 der Schritt 201 aktiviert wird. Der Teil-GRAFCET in G2 startet also mit dem Schritt 201. Auf die Einschließung G1 hat dies keine Auswirkung. Hier besitzt weiterhin der Schritt 100 die Aktivierungsverbindung zum einschließenden Schritt 2.

Die beiden zyklischen Teil-GRAFCETs G1 und G2 laufen nun nicht mehr synchron ab.

Dieses Beispiel zeigt auch, dass nicht unbedingt der ‚oberste' Schritt einer Einschließung über die Aktivierungsverbindung verfügen muss. Auch ein Schritt, der hierarchisch gesehen untergeordnet platziert ist, kann die Aktivierungsverbindung besitzen.

3.7.3 Anwendung

 LoadingContainer.plclab
MuldenBeladen.plclab

 LoadingContainer2.grafcet
MuldenBeladen2.grafcet

Die Kippmulde aus Lernphase 6 wird nochmals für die Anwendung des Erlernten verwendet. Diesmal soll die Lösung mit Hilfe eines einschließenden Schritts entwickelt werden. Die Schrittkette aus der Lösung mit dem Makroschritt bleibt bezüglich der Funktionalität erhalten.

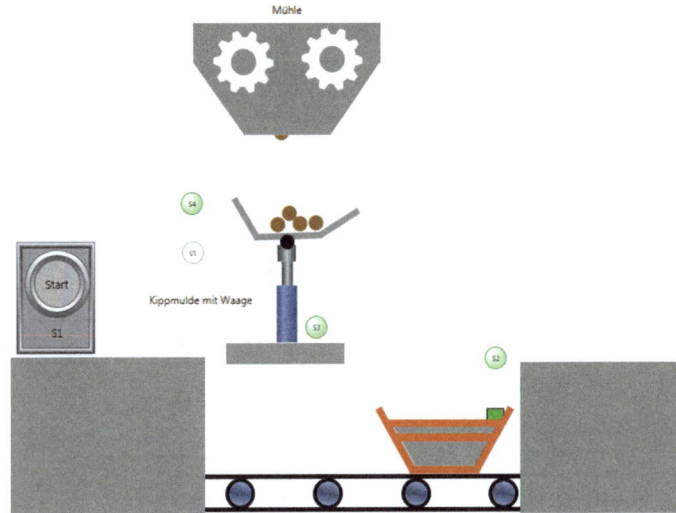

Bild 3.58 Technologieschema der Kippmulde mit Waage

Benennung der Operanden:

S1Start	Taster „Start", Wert = True wenn betätigt
S2MuldeAnPos	Sensor Mulde an Position, Wert = True wenn betätigt
S3KippMuldeVoll	Sensor Kippmulde ist gefüllt, Wert = **False** wenn gefüllt
S4KippMuldeBeladePos	Sensor Kippmulde ist in Beladeposition, Wert = True wenn betätigt
S5KippMuldeGekippt	Sensor Kippmulde ist in abgekippter Position, Wert = True wenn betätigt
M1Band	Bandmotor
M2Muehle	Mühlenmotor
M3KippMuldeKippen	Motor zum Kippen der Mulde
M4KippMuldeInBelPos	Motor zum Bewegen der Kippmulde in die Beladeposition

3 Lernphasen

Im nachfolgenden Bild sehen Sie auf der linken Seite den Haupt-GRAFCET. Dabei ist zu erkennen, dass es sich bei Schritt *4* um den einschließenden Schritt handelt.

Beim Entwickeln der Lösung muss man beachten, dass die eingeschlossenen Schritte deaktiviert werden, sobald der einschließende Schritt seine Aktivierung verliert. Beim Makroschritt war im Gegensatz dazu gewährleistet, dass die Schritte der Expansion komplett abgearbeitet werden.

Im Beispiel könnte dieses Verhalten des einschließenden Schritts dazu führen, dass der Mühlen-Vorgang sofort wieder beendet wird, wenn die Transitionsbedingung nach dem einschließenden Schritt erfüllt ist. Um dies zu verhindern, wurde die Transitionsbedingung der Transition nach dem einschließenden Schritt *4* erweitert. Dabei wurde die Schrittvariable von Schritt *104* über eine UND-Verknüpfung in die Transitionsbedingung aufgenommen. Der Schritt *104* ist der letzte Schritt der Einschließung. Somit ist sichergestellt, dass die Schritte der Einschließung vollständig bearbeitet wurden, denn: Erst wenn der Schritt *104* aktiv ist, hat auch dessen Schrittvariable den Status *True*. Im Prinzip wurde damit das Verhalten des Makroschritts nachgeahmt.

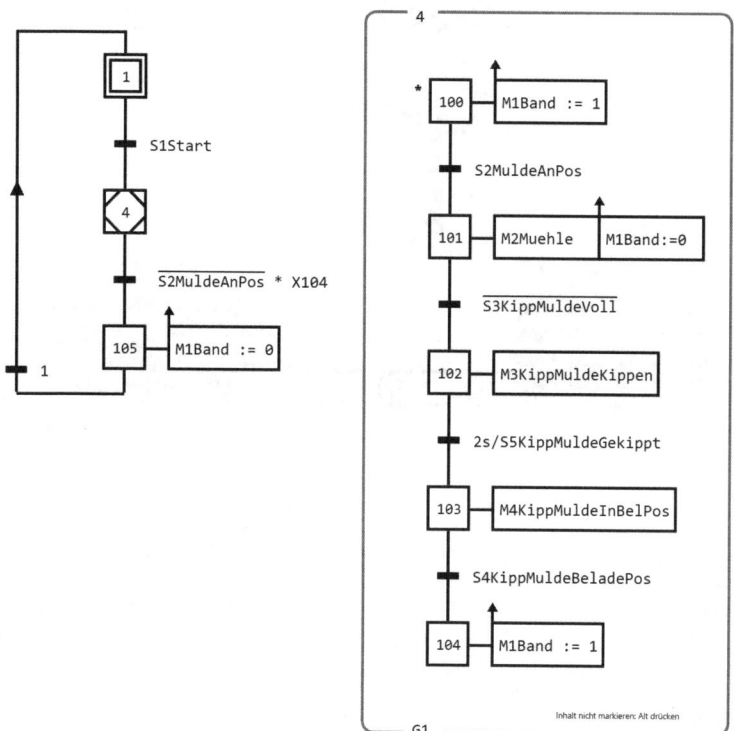

Bild 3.59 Lösung zur Anwendung mit einem einschließenden Schritt

In **Bild 3.59** ist die Lösung mit dem einschließenden Schritt *4* und der Einschließung in Gruppe *G1* zu sehen. Schritt *100* ist mit der Aktivierungsverbindung versehen; mit ihm startet somit die Einschließung. Mit Schritt *100* wird das Band eingeschaltet, damit die Mulde an die Position *S2MuldeAnPos* bewegt werden kann. Die nachfolgenden Schritte sind identisch mit der Lösung im Kapitel „Makroschritt". Nur die Schrittbezeichnungen sind anders, da eine Einschließung keinen Eingangs- oder Ausgangsschritt enthält.

3.7.4 Test der Anwendung

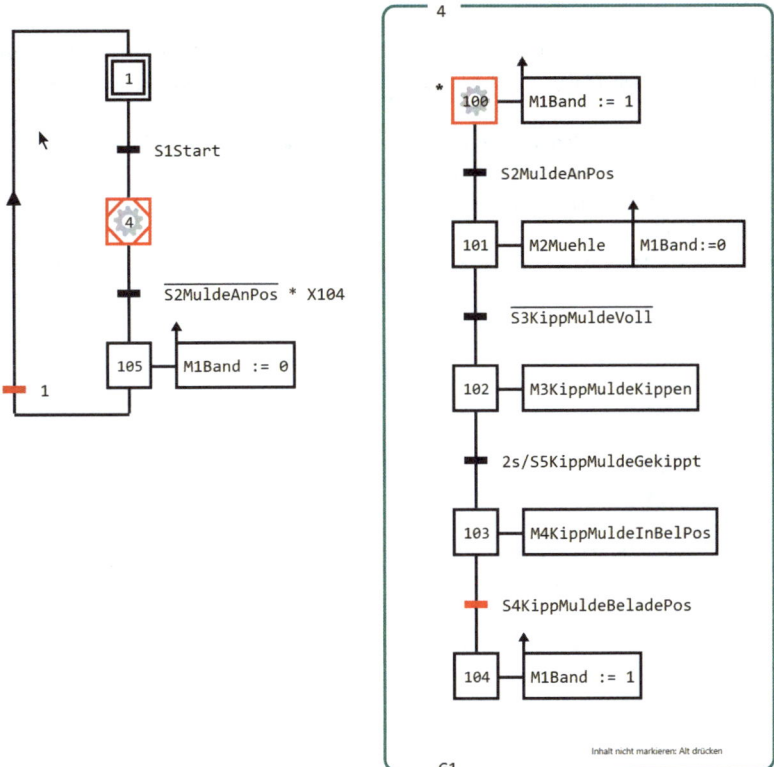

Bild 3.60 Test zur Anwendung mit dem einschließenden Schritt *4*

In **Bild 3.60** ist der Schritt *100* aktiv und startet das Band. Wäre in dieser Situation die Transitionsbedingung der Transition nach dem einschließenden Schritt *4* nicht um die Schrittvariable des Schritts *104* ergänzt worden, dann würde sofort der Übergang zum Schritt *105* erfolgen. Damit wäre der einschließende Schritt *4* nicht mehr aktiv und mit ihm alle Schritte der Einschließung im Teil-GRAFCET *G1*.

3.7.5 Zusammenfassung

- Der einschließende Schritt wird dargestellt mit einem normalen Rechteck und einem innenliegenden verdrehten Rechteck. In diesem Symbol wird die Schrittbezeichnung angegeben.
- Die Schrittbezeichnung des einschließenden Schritts wird bei allen Teil-GRAFCETs im linken oberen Eck eingetragen. Damit handelt es sich um eine Einschließung, welche diesem speziellen einschließenden Schritt zugeordnet ist.
- In jeder Einschließung muss ein Schritt mit Aktivierungsverbindung vorhanden sein. Diese wird durch das Zeichen „*" links neben dem Rechteck des Schritts gekennzeichnet. Der eingeschlossene Schritt mit Aktivierungsverbindung wird aktiv, sobald der einschließende Schritt aktiv wird.
- Eine Einschließung kann wiederum einschließende Schritte enthalten.
- Eine Einschließung kann nur einem einzigen einschließenden Schritt zugeordnet werden.
- Wird der einschließende Schritt deaktiviert, werden auch alle aktiven Schritte in dessen Einschließungen deaktiviert.
- Der einschließende Schritt dient der besseren Strukturierung eines GRAFCET.

3 Lernphasen

3.7.6 Training

 LoadingContainerViaConveyorBelt
MuldenBeladenUeberBaender.plclab

 LoadingContainerViaConveyorBelt
MuldenBeladenUeberBaender.grafcet

Es soll ein GRAFCET entwickelt werden, welcher bei Start eine Mulde an die Position *S2* transportiert. Danach werden die Bandmotoren *M2* und *M3* eingeschaltet und die Mulde gefüllt. Mit Hilfe des Sensors *S3* sollen dabei die bereits in die Mulde abgefüllten Teile erfasst werden. Sind mindestens 10 Teile in die Mulde gefallen, stoppen die beiden zuführenden Bänder und die Mulde wird abtransportiert. Der dabei benötigte Zähler ist mit Hilfe eines einschließenden Schritts und einer speichernd wirkenden Aktion bei Aktivierung zu realisieren. Die Anzahl der Teile wird dabei im ganzzahligen Operanden *AnzTeileInMulde* abgelegt.

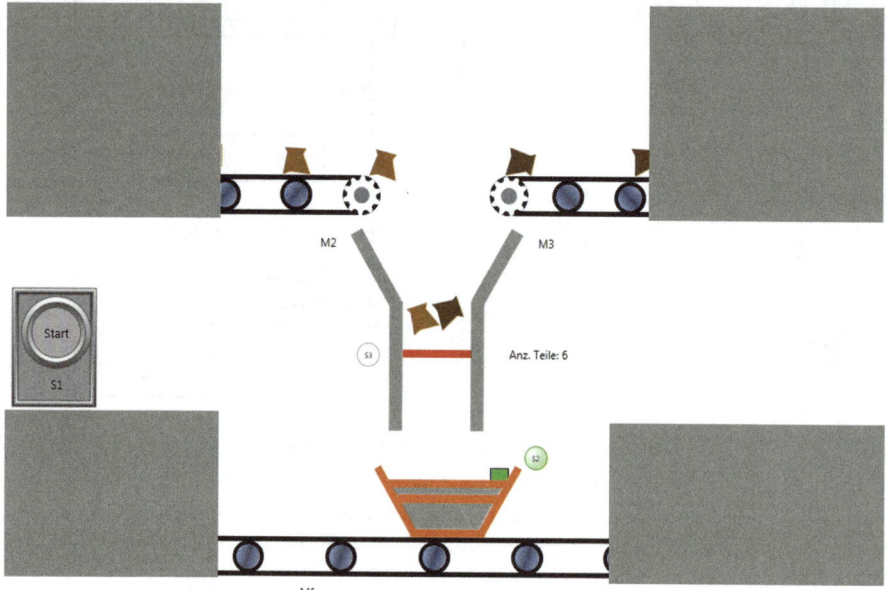

Bild 3.61 Technologieschema zur Bändersteuerung

Benennung der Operanden:

S1Start	Taster „Start", Wert = True wenn betätigt
S2MuldeAnPos	Sensor Mulde an Beladeposition, Wert = True wenn betätigt
S3Lichtschranke	Sensor Lichtschranke für herabfallende Teile, Wert = True wenn durch Teil unterbrochen
M1BandMulde	Bandmotor für Band welches die Mulde transportiert
M2BandLinks	Bandmotor für zu beladende Teile, links oben
M3BandRechts	Bandmotor für zu beladende Teile, rechts oben
AnzTeileInMulde	Zählerwert der bereits in die Mulde geladenen Teile, ganzzahliger interner Wert

3.7.6.1 Lösung

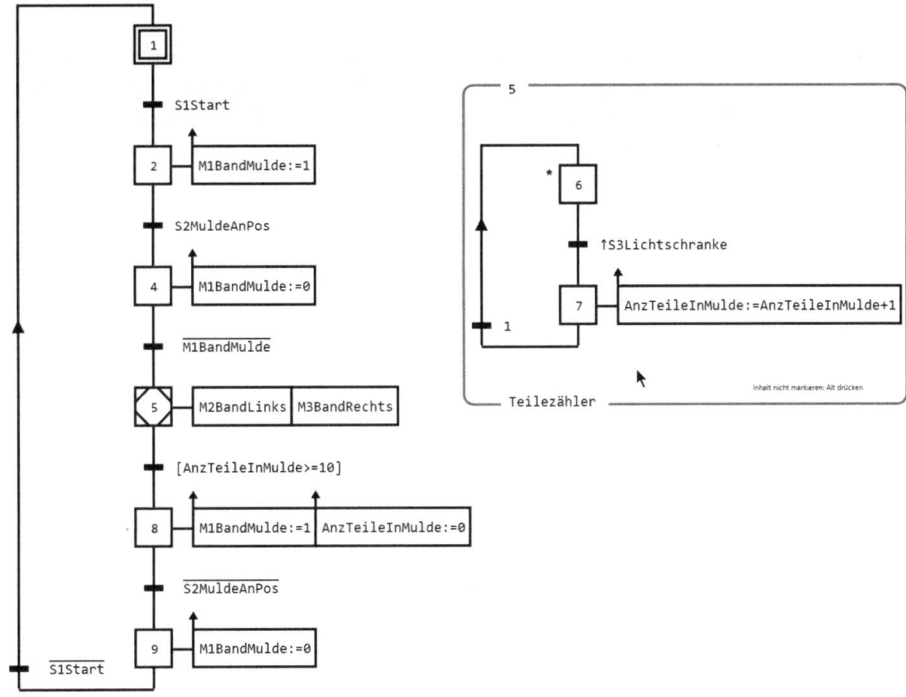

Bild 3.62 Lösung zur Aufgabe Mulde über Bänder beladen

In **Bild 3.62** ist die Lösung zur Aufgabenstellung zu sehen. Die Einschließung des einschließenden Schritts 5 wertet die positive Flanke an *S3Lichtschranke* aus und aktiviert Schritt 7. An Schritt 7 ist eine speichernd wirkende Aktion bei Aktivierung angebracht, welche den Wert im ganzzahligen Operanden *AnzTeileInMulde* um eins erhöht. Hat der Inhalt von *AnzTeileInMulde* den Wert 10 erreicht, so wird der Übergang von Schritt 5 nach Schritt 8 ausgeführt. Damit werden der Schritt 5 und alle Schritte seiner Einschließung deaktiviert. Die Aktivierung von Schritt 8 bewirkt, dass die Mulde von der Beladeposition abtransportiert und der Wert in *AnzTeileInMulde* auf den Wert ‚0' gesetzt wird.

3.7.7 Kontrollfragen

- Wann wird die Aktivierungsverbindung eines eingeschlossenen Schritts ausgelöst?
- Wie wird der Schritt mit Aktivierungsverbindung gekennzeichnet?
- Welcher Unterschied besteht zwischen dem Makroschritt und dem einschließenden Schritt hinsichtlich der vollständigen Ausführung der Schritte in der Expansion bzw. der Einschließungen?
- Können gleichzeitig mehrere eingeschlossene Schritte innerhalb verschiedener Einschließungen aktiv sein?
- Bleibt der Wert der Zuweisung einer aktiven speichernd wirkenden Aktion bei Aktivierung innerhalb einer Einschließung erhalten, wenn der einschließende Schritt deaktiviert wird?

3 Lernphasen

3.8 Lernphase 8: Alternative Verzweigung

3.8.1 Lernziel

Sollen nach einem Schritt mehrere Transitionen folgen, dann kommt eine alternative Verzweigung zum Einsatz. Wie der Name es andeutet, können damit alternative Abläufe realisiert werden. Allerdings kommt immer nur ein Ablauf zur Ausführung. Aus diesem Grund müssen sich die Transitionsbedingungen der Transitionen, die in die einzelnen Abläufe verzweigen, **gegenseitig ausschließen**. Die einzelnen Abläufe einer alternativen Verzweigung werden auch als **Teilabläufe** bezeichnet. Wie eine alternative Verzweigung funktioniert und welche Voraussetzungen dazu gegeben sein müssen, wird in dieser Lernphase erläutert.

Lernschritte:

- Vorstellen der alternativen Verzweigung
- Anwendung der alternativen Verzweigung
- Benennung und Anwendung von Zielhinweisen, Rückführungen, Rückführsprüngen und Schleifenbildungen.

3.8.2 Wissenswertes

In **Bild 3.63** ist eine alternative Verzweigung dargestellt. Nach dem Initialschritt *1* folgen zwei parallel angeordnete Transitionen. Die Transitionsbedingungen schließen sich gegenseitig aus: Somit kann nur eine Transitionsbedingung erfüllt sein und den jeweils nachfolgenden Schritt (*2* oder *3*) aktivieren.

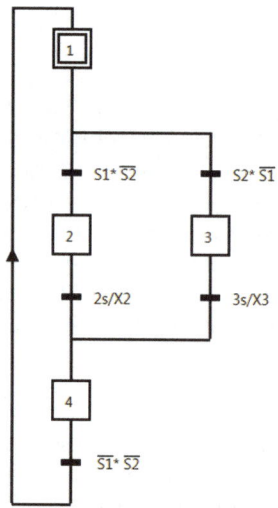

Bild 3.63 Alternative Verzweigung

Wurde der Teilablauf mit Schritt *2* bearbeitet, erfolgt die Aktivierung von Schritt *4* über die Transition mit der Bedingung *2s/X2*. Bei Bearbeitung des Teilablaufs mit Schritt *3* wird dagegen Schritt *4* über die Transition mit der Bedingung *3s/X3* aktiv.

Der Programmierer muss bei einer alternativen Verzweigung die jeweils folgenden Transitionsbedingungen so definieren, dass nur **eine** Bedingung erfüllt sein kann. Die Transitionsbedingungen müssen sich also gegenseitig ausschließen. Ist dies nicht der Fall, dann ist das Verhalten undefiniert, d.h. es kann nicht vorhergesagt werden, welcher Teilablauf abgearbeitet wird. Im GRAFCET-Studio würde der Teilablauf abgearbeitet, dessen Transition als erstes den Übergang auslöst.

In der nachfolgenden linken Darstellung hat die Weiterschaltbedingung mit $S2 * \overline{S1}$ den Schritt *3* aktiviert. Nach Ablauf der Zeit *3s/X3* erfolgt der Übergang in Schritt *4*. In der rechten Darstellung ist die Transitionsbedingung $S1 * \overline{S2}$ erfüllt und es erfolgt der Übergang von Schritt *1* zu Schritt *2*.

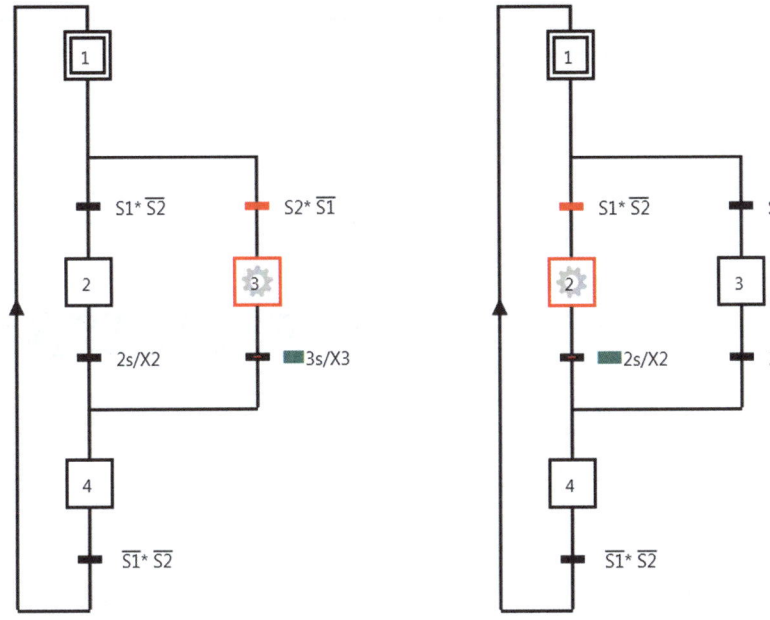

Bild 3.64 Der Teilablauf mit Schritt *3* wird bearbeitet.   Bild 3.65 Der Teilablauf mit Schritt *2* wird bearbeitet.

In der Regel beginnt eine alternative Verzweigung mit einer Transition und endet auch mit einer Transition. Allerdings kann eine alternative Verzweigung auch nur aus einer einzigen Transition bestehen, um z.B. andere Teilabläufe zu überspringen.

Dazu ist im nebenstehenden Bild ein Beispiel zu sehen.

Hier besteht der dritte Teil-Ablauf einzig aus einer Transition. Ist deren Transitionsbedingung erfüllt, dann erfolgt der Übergang von Schritt *1* direkt zu Schritt *4*.

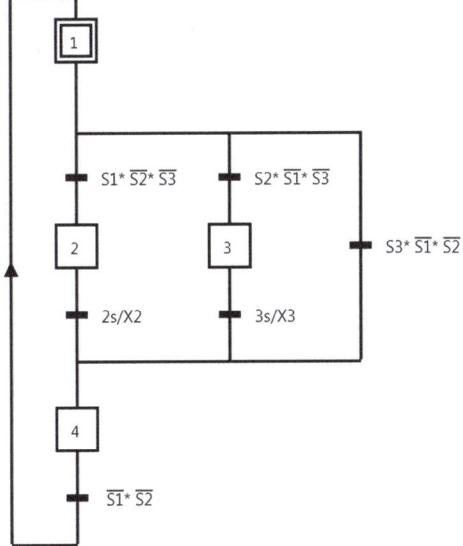

© GRAFCET-Workbook

3 Lernphasen

3.8.3 Anwendung

 Gate.plclab
Schranke.plclab

 Gate.grafcet
Schranke.grafcet

Typische Anwendungen für eine alternative Verzweigung sind der Links-/Rechtslauf eines Motors oder das Öffnen einer Schranke.

Die Schranke im Bild rechts soll über einen Taster *S1* bedient werden. Ist die Schranke geschlossen (*S2 = True*), dann hat das Betätigen von *S1* das Öffnen der Schranke zur Folge. Ist die Schranke geöffnet (*S3 = True*), dann wird sie über *S1* geschlossen.

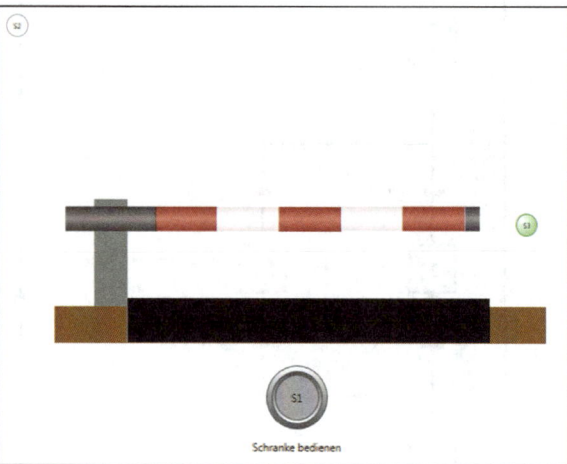

Bild 3.66 Technologieschema einer Schranke

Benennung der Operanden:

S1SchrankeBedienen	Taster „Schranke bedienen", Wert = True wenn betätigt
S2SchrankeOffen	Sensor Schranke ist offen, Wert = True wenn betätigt
S3SchrankeGeschlossen	Sensor Schranke ist geschlossen, Wert = True wenn betätigt
M1SchrankeOeffnen	Motor zum Öffnen der Schranke
M1SchrankeSchliessen	Motor zum Schließen der Schranke

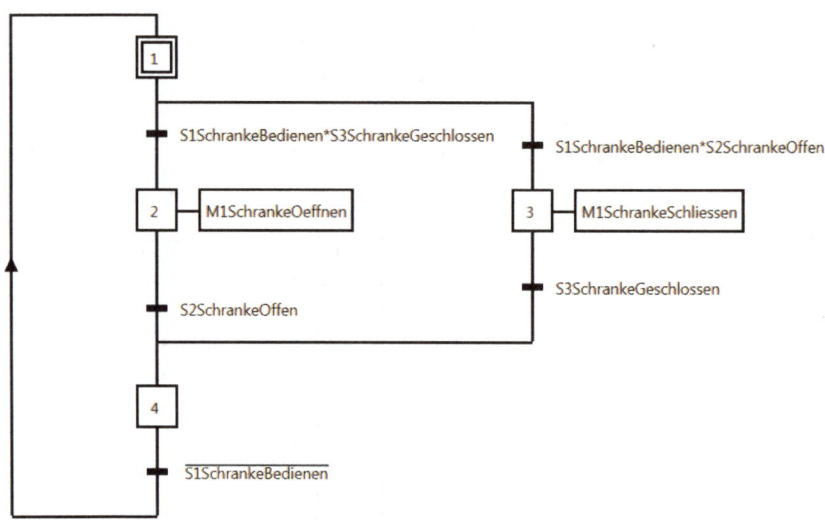

Bild 3.67 Lösung zur Anwendung Schranke

3.8.4 Test der Anwendung

Die Schranke ist geschlossen, sodass bei Betätigung des Tasters *S1* die Transition mit der Bedingung *S1SchrankeBedienen*S3SchrankeGeschlossen* den Übergang zum Schritt *2* auslöst (**Bild 3.68**).

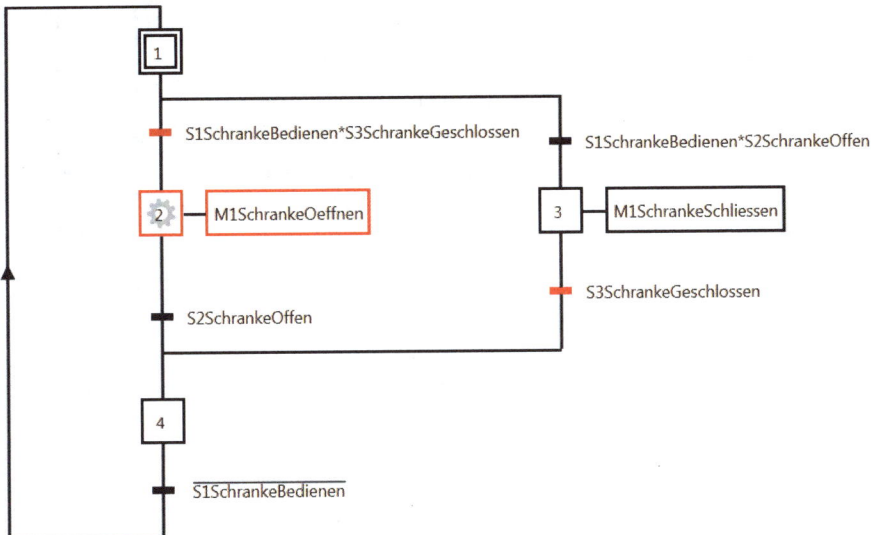

Bild 3.68 Test der alternativen Verzweigung am Beispiel der geschlossenen Schranke

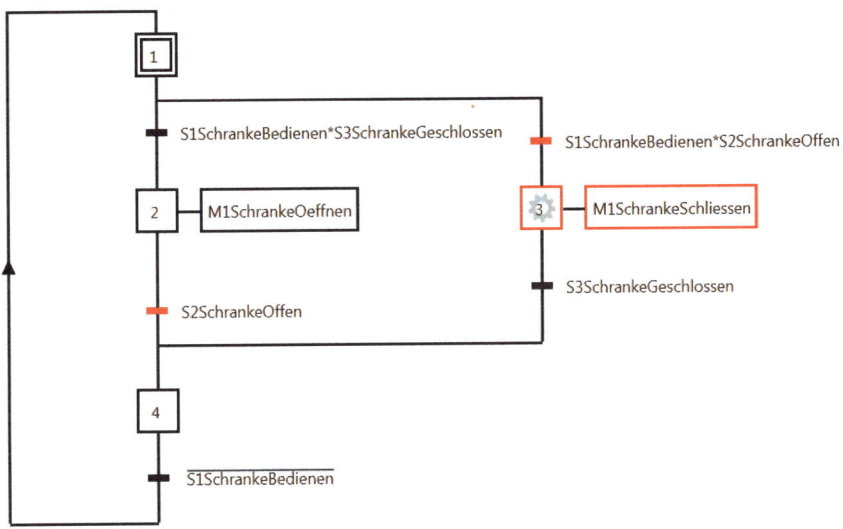

Bild 3.69 Test der alternativen Verzweigung am Beispiel der geöffneten Schranke

In **Bild 3.69** ist die Schranke geöffnet. Somit wird bei Betätigung von *S1* die Transitionsbedingung *S1SchrankeBedienen*S2SchrankeOffen* erfüllt und es erfolgt der Übergang zu Schritt *3*. Dieser ist aktiv, bis die Schranke geschlossen ist.

3.8.5 Rückführung, Zielhinweis, Rückführsprung und Schleife in GRAFCET

An dieser Stelle soll gezeigt werden, wie man in GRAFCET eine Rückführung einsetzt, einen Zielhinweis verwendet und einen Rückführsprung realisiert, um eine Schleife zu bilden.

Im nachfolgenden Bild ist eine **Rückführung** zu sehen, wie sie in vielen Beispielen des Buches schon verwendet wurde, um das zyklische Bearbeiten des GRFACET zu erreichen.

Im Bild rechts wird immer wieder der gesamte GRAFCET, von Schritt *1* bis Schritt *3*, durchlaufen. Diese Art der Schleifenstruktur ist schon mehrfach angewendet worden.

Es ist aber auch möglich einen sog. **Rückführsprung** zu realisieren, der nicht über alle Schritte einer GRAFCET-Struktur hinweggeht. In der nachfolgenden Darstellung ist dazu ein Beispiel zu sehen.

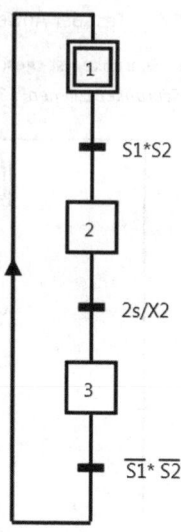

Bild 3.70 Rückführung zum Initialschritt

Im rechten Teilablauf der alternativen Verzweigung ist ein **Zielhinweis** mit Hilfe des Pfeil-Symbols realisiert. Das Pfeil-Symbol wird grundsätzlich im GRAFCET-Studio für einen solchen Zielhinweis verwendet. Dabei kann am Pfeil der Ziel-Schritt für den ‚Sprung' angegeben werden. Im Beispiel ist dies Schritt *2a*. Solange die Bedingung $S3 * \overline{S1} * \overline{S2}$ erfüllt ist, wird von Schritt *2b* der Übergang zu Schritt *2a* ausgeführt. Ist eine andere Transitionsbedingung der Transitionen innerhalb der Teilabläufe der alternativen Verzweigung erfüllt, dann wird die Schleife beendet bzw. es wird nicht in die Schleife eingetreten. Führt der Einsatz des Zielhinweises zu einer Schleifenbildung, wie im obigen Beispiel, dann kann man auch von einem **Rückführsprung** sprechen. Dieser Begriff erklärt dann die Auswirkung des Zielhinweises anschaulicher.

Streng genommen ist das Pfeil-Symbol (bzw. der Zielhinweis) ein Ersatz für eine Wirkungslinie zum angegebenen Schritt. Im Beispiel wäre dies eine Wirkungslinie, welche hinter der Transition mit der Bedingung $S3 * \overline{S1} * \overline{S2}$ beginnt und am oberen Teil des Ziel-Schritts *2a* endet. Da eine solche Wirkungslinie den GRAFCET in den meisten Fällen unübersichtlich macht, wird in einem solchen Fall der Zielhinweis verwendet, der im GRAFCET-Studio über das Pfeil-Symbol dargestellt wird. Der Zielhinweis kommt auch zum Einsatz, wenn sich beispielsweise der GRAFCET über mehrere Seiten erstreckt und Verbindungen von einem zum anderen Ende des GRAFCET-Plans notwendig sind.

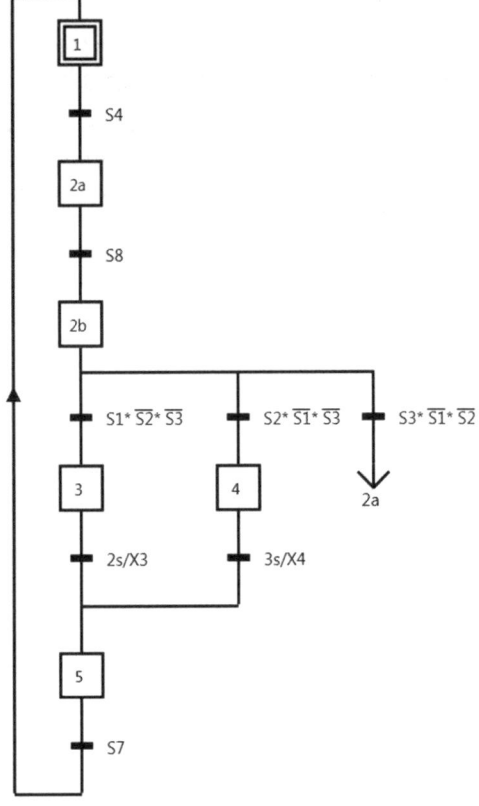

Bild 3.71 Rückführsprung für Schleifenbildung

Die in obigem Bild dargestellte Schleifenstruktur wird oftmals in Verbindung mit alternativen Verzweigungen verwendet. Auch im zweiten Training dieses Kapitels wird ein Rückführsprung in der Lösung angewendet.

3.8.6 Zusammenfassung

- Ist im Teilablauf einer alternativen Verzweigung mind. ein Schritt enthalten, dann beginnt und endet der Teilablauf mit einer Transition.
- Der Teilablauf einer alternativen Verzweigung kann auch nur aus einer Transition bestehen. Dies wird angewendet, wenn andere Teilabläufe der alternativen Verzweigung zu überspringen sind.
- Bei einer großen Anzahl an Schritten innerhalb eines Teilablaufs sollte der Übersicht halber ein einschließender Schritt bzw. Makroschritt zum Einsatz kommen.

3 Lernphasen

3.8.7 Training 1

 GateWithLamp.plclab
SchrankeMitLampe.plclab

 GateWithLamp.grafcet
SchrankeMitLampe.grafcet

Die vom letzten Beispiel bereits bekannte Schranke ist mit einem Blinklicht *H1* zu erweitern. Die Lampe *H1* soll mit einer Impuls-/Pausenzeit von 500ms blinken, sobald die Schranke geschlossen wird. Auch bei dieser Lösung ist eine alternative Verzweigung zu verwenden. Für die Realisierung des Blinklichts *H1* ist ein einschließender Schritt im Teilablauf für das Schließen der Schranke zu verwenden.

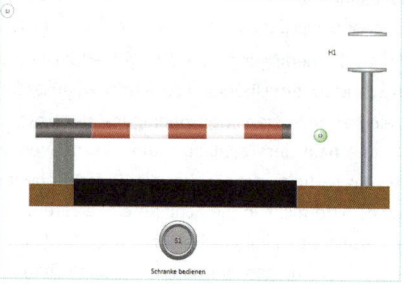

Bild 3.72 Technologieschema Schranke und Lampe

Benennung der Operanden:

S1SchrankeBedienen	Taster „Schranke bedienen", Wert = True wenn betätigt
S2SchrankeOffen	Sensor Schranke ist offen, Wert = True wenn betätigt
S3SchrankeGeschlossen	Sensor Schranke ist geschlossen, Wert = True wenn betätigt
M1SchrankeOeffnen	Motor zum Öffnen der Schranke
M1SchrankeSchliessen	Motor zum Schließen der Schranke
H1	Lampe H1, soll beim Schließvorgang der Schranke blinken

3.8.8 Lösung

Im nebenstehenden Bild ist der geänderte Teilablauf für das Schließen der Schranke zu erkennen. Hier kommt nun der einschließende Schritt *3* zum Einsatz. Über die eingeschlossenen Schritte *30* und *31* wird das Blinken von *H1* realisiert. Die Einschließung wird beim Schließen der Schranke so lange bearbeitet, bis die Bedingung der nach Schritt *3* folgenden Transition erfüllt ist. Dies ist der Fall, sobald die Schranke die untere Endlage erreicht hat und *S3* den Wert *True* liefert.

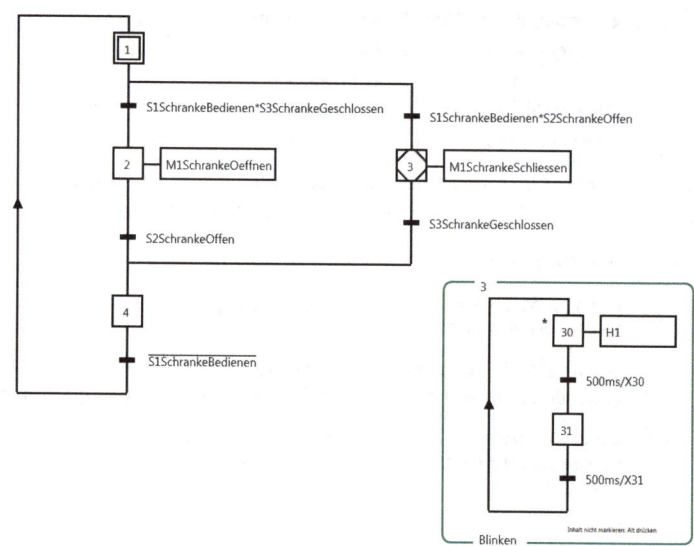

Bild 3.73 Alternative Verzweigung am Beispiel einer Schranke mit der Verwendung eines einschließenden Schritts im Teilablauf

3.8.9 Training 2

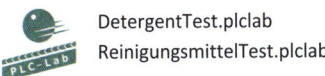 DetergentTest.plclab
ReinigungsmittelTest.plclab

 DetergentTest.grafcet
ReinigungsmittelTest.grafcet

Eine Vorrichtung dient zum Test von Reinigungsmitteln. Dabei wird eine Glasplatte mit dem jeweiligen Reinigungsmittel beträufelt. Ein Zylinder mit Schwamm führt Wischbewegungen auf der Glasplatte aus. Die Anzahl der Wischzyklen kann dabei im Bereich 1–10 eingestellt werden. Der Start-Taster *S1* startet den Vorgang. Nachdem die eingestellten Zyklen durchlaufen worden sind, leuchtet die Lampe *H1* auf. Über den Bestätigungs-Taster *S2* kann der Vorgang abgeschlossen werden. Danach ist ein erneuter Start möglich.

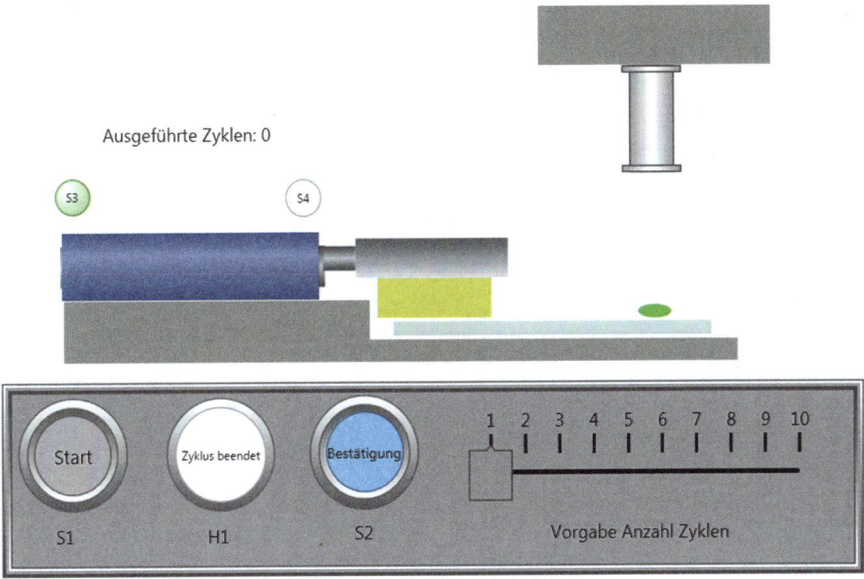

Bild 3.74 Technologieschema zum Test für Reinigungsmittel

Benennung der Operanden:

S1Start	Taster „Start", Wert = True wenn betätigt
S2Bestaetigung	Taster „Bestätigung", Wert = True wenn betätigt
S3A1Hinten	Sensor S3 hinten, Wert = True wenn betätigt
S4A1Vorn	Sensor S4 vorn, Wert = True wenn betätigt
VorgabeAnzZyklen	Vorgabewert des Schiebereglers für die Anzahl der zu bearbeitenden Zyklen, ganzzahliger Wert im Bereich 1 bis 10.
A1VorZurueck	Aktor A1 vor- und zurückbewegen, True = Bewegung nach vorn
H1ZyklusBeendet	Lampe „Zyklus beendet"
AusgefuehrteZyklen	Ganzzahliger Operand zum Erfassen der bereits getätigten Zyklen

3 Lernphasen

3.8.9.1 Lösung

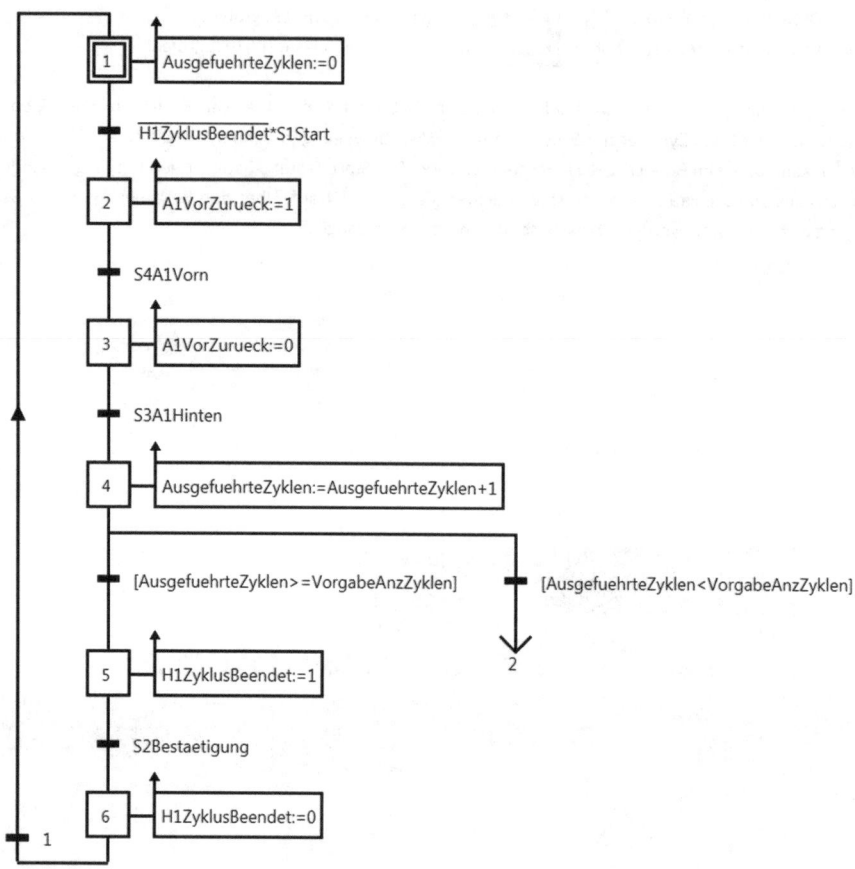

Bild 3.75 Alternative Verzweigung mit einem Rückführsprung

Die Lösung der Anlage zeigt **Bild 3.75**. Dabei wurde im rechten Teilablauf der alternativen Verzweigung ein **Rückführsprung** verwendet. Im GRAFCET-Studio wird dazu ein Pfeil-Symbol platziert und die Bezeichnung des Schritts angegeben, der das Ziel des Zielhinweises ist. Im Beispiel ist Schritt *2* das Ziel. Dies bedeutet: Ist die Transitionsbedingung *[AusgefuehrteZyklen<VorgabeAnzZyklen]* erfüllt, dann erfolgt der Übergang zum Schritt *2*. Man könnte also sagen, dass von der Transition mit der Bedingung *[AusgefuehrteZyklen<VorgabeAnzZyklen]* eine Wirkungslinie zum oberen Teil von Schritt *2* führt.

Solange die Transitionsbedingung *[AusgefuehrteZyklen<VorgabeAnzZyklen]* erfüllt ist, wird eine Schleife von Schritt *2* bis Schritt *4* und zurück ausgeführt. Abgebrochen wird die Ausführung der Schleife von der Transition mit der Bedingung *[AusgefuehrteZyklen>=VorgabeAnzZyklen]*. Ist diese Bedingung erfüllt, dann erfolgt der Übergang zum Schritt *5*.

3.8.10 Kontrollfragen

- Mit welchem GRAFCET-Element beginnt und endet der aus mehreren Schritten bestehende Teilablauf einer alternativen Verzweigung?
- Eine alternative Verzweigung besteht aus drei Teilabläufen. Was muss bei der Definition der Transitionsbedingungen für die jeweils ersten Transitionen der Teilabläufe beachtet werden?
- Welche Möglichkeiten hat man, einen umfangreichen Teilablauf übersichtlicher zu gestalten?

3 Lernphasen

3.9 Lernphase 9: Parallele Verzweigung

3.9.1 Lernziel

Sollen nach einer Transition gleichzeitig mehrere Teilabläufe gestartet werden, kommt die parallele Verzweigung zur Anwendung. Die ersten Schritte der Teilabläufe werden dabei gleichzeitig über eine Transition aktiviert. Die Teilabläufe werden also synchron gestartet, weshalb das Symbol einer parallelen Verzweigung auch als Synchronisierungssymbol bezeichnet wird. Danach sind die Teilabläufe unabhängig voneinander, laufen also parallel. Am Ende münden die Teilabläufe wieder auf einem Synchronisierungssymbol und einer nachfolgenden Transition. Diese Transition ist erst freigegeben, wenn alle Teilabläufe vollständig abgearbeitet wurden. Somit werden die Teilabläufe am Ende ebenfalls synchronisiert.

Lernschritte:

- Vorstellung der parallelen Verzweigung
- Anwendung der parallelen Verzweigung

3.9.2 Wissenswertes

Im nebenstehenden Bild ist eine parallele Verzweigung zu sehen. Die **doppelte Linie** über den Schritten *2* und *3* ist das bereits erwähnte **Synchronisierungssymbol**. Über dem Symbol befindet sich eine Transition mit der Bedingung *S1Start*. Diese Transition aktiviert beide Schritte *2* und *3*. Danach sind beide Teilabläufe autonom. Man erkennt durch die unterschiedlichen Zeitangaben, dass der Teilablauf mit den Schritten *3* und *6* schneller abgearbeitet ist als der Teilablauf mit den Schritten *2*, *4*, und *5*. Da die beiden Schritte *5* und *6* wiederum über ein Synchronisierungssymbol verbunden sind, wird die Transition mit der Bedingung *S2Weiter* erst freigegeben, wenn sowohl Schritt *5* als auch Schritt *6* aktiv ist. Erst dann kann über *S2Weiter = True* der Übergang zum Schritt *7* erfolgen. Dies hat dann auch die Deaktivierung von Schritt *5* und *6* zur Folge.

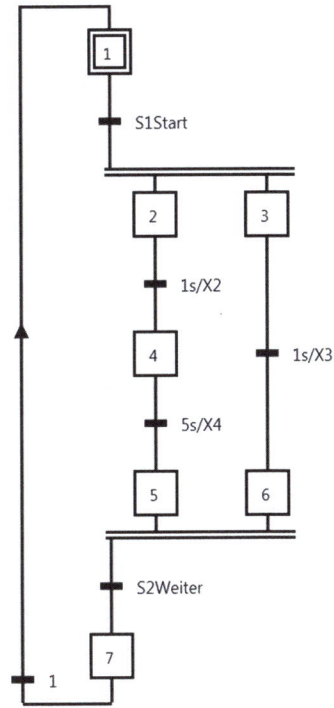

Bild 3.76 Parallele Verzweigung

3 Lernphasen

3.9.3 Anwendung

 MixingLiquids.plclab
FluessigkeitenMischen.plclab

 MixingLiquids.grafcet
FluessigkeitenMischen.grafcet

In einem Mischbehälter sind zwei Flüssigkeiten zu vermischen. Nach dem Start sollen 20 Einheiten der Flüssigkeit 1 und 30 Einheiten der Flüssigkeit 2 in den Behälter gepumpt werden. Sind die Mengen der beiden Flüssigkeiten komplett, wird dies über eine Lampe (*H1*) angezeigt. Die Fertigstellung ist danach über einen Taster zu bestätigen. Die Leerung des Mischbehälters erfolgt manuell. Ein erneuter Start ist nur möglich, wenn der abgeschlossene Vorgang bestätigt und der Mischbehälter vollständig entleert wurde (*S4 = True*).

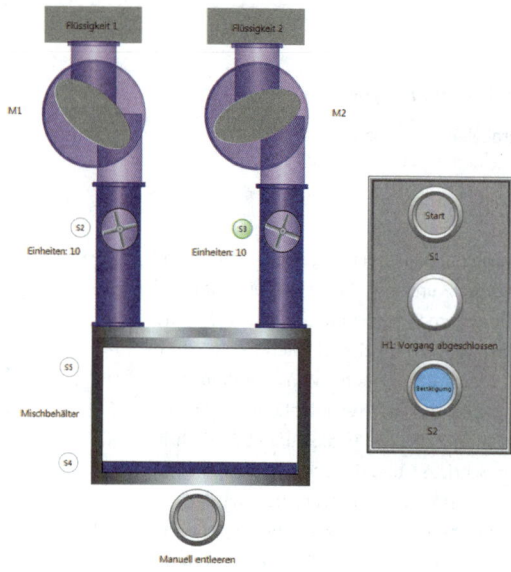

Bild 3.77 Technologieschema zum Mischbehälter

Benennung der Operanden:

S1Start	Taster „Start", Wert = True wenn betätigt
S2ZaehlImpFluessigkeit1	Sensor Zählimpuls des Zulaufs von Flüssigkeit 1, pos. Flanke entspricht einer Einheit
S3ZaehlImpFluessigkeit2	Sensor Zählimpuls des Zulaufs von Flüssigkeit 2, pos. Flanke entspricht einer Einheit
S4MischbUntererFuellstand	Sensor Mischbehälter unterer Füllstand, Wert = True wenn unterer Füllstand vorhanden
S5MischbObererFuellstand	Sensor Mischbehälter oberer Füllstand, Wert = True wenn oberer Füllstand vorhanden
S6Bestaetigung	Taster „Bestätigung", Wert = True wenn betätigt
M1PumpeFluessigk1	Pumpe Flüssigkeit 1
M2PumpeFluessigk2	Pumpe Flüssigkeit 2
H1VorgangAbgeschlossen	Lampe H1 „Vorgang abgeschlossen"
ZaehlerFluessigk1	Ganzzahliger Operand zum Ablegen der Zählimpulse für die Flüssigkeit 1
ZaehlerFluessigk2	Ganzzahliger Operand zum Ablegen der Zählimpulse für die Flüssigkeit 2

3 Lernphasen

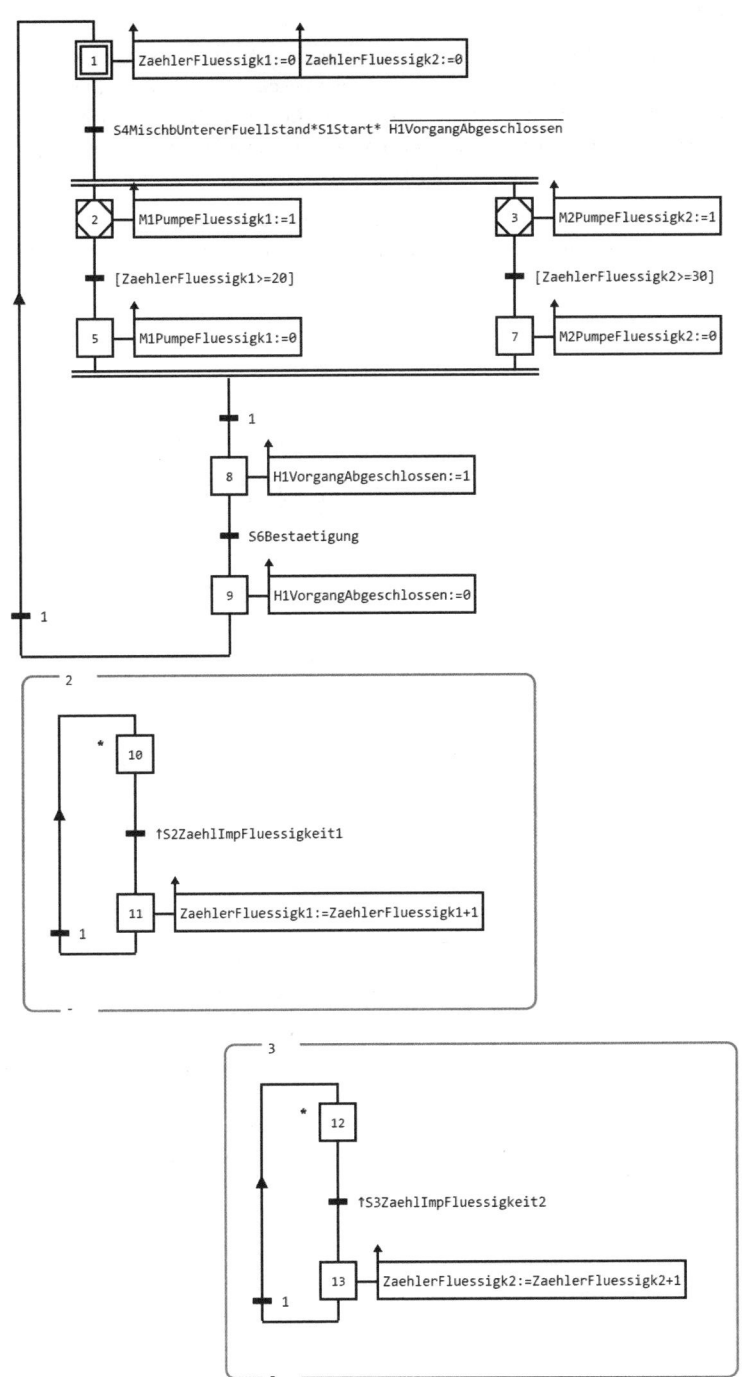

Bild 3.78 Lösung zum Mischbehälter

3 Lernphasen

3.9.4 Test der Anwendung

In **Bild 3.79** ist der GRAFCET zusammen mit den einschließenden Schritten und den Einschließungen erkennbar. Folgende Situation ist im Bild zu sehen: Flüssigkeit 1 wurde bereits vollständig in den Mischbehälter gepumpt. Dies erkennt man daran, dass der einschließende Schritt 2 nicht mehr aktiv ist. Im Gegensatz dazu ist der einschließende Schritt 3 noch aktiv. Die Flüssigkeit 2 wird also noch in den Mischbehälter gepumpt und die Einschließung von Schritt 3 erfasst die entsprechenden Zählimpulse.

Da nur Schritt 5 aktiv ist und nicht auch Schritt 7, ist die Transition nach dem Synchronisierungssymbol noch nicht freigegeben. Es wird also ‚gewartet', bis der zweite Teilablauf mit den Schritten 3 und 7 ebenfalls vollständig bearbeitet worden ist.

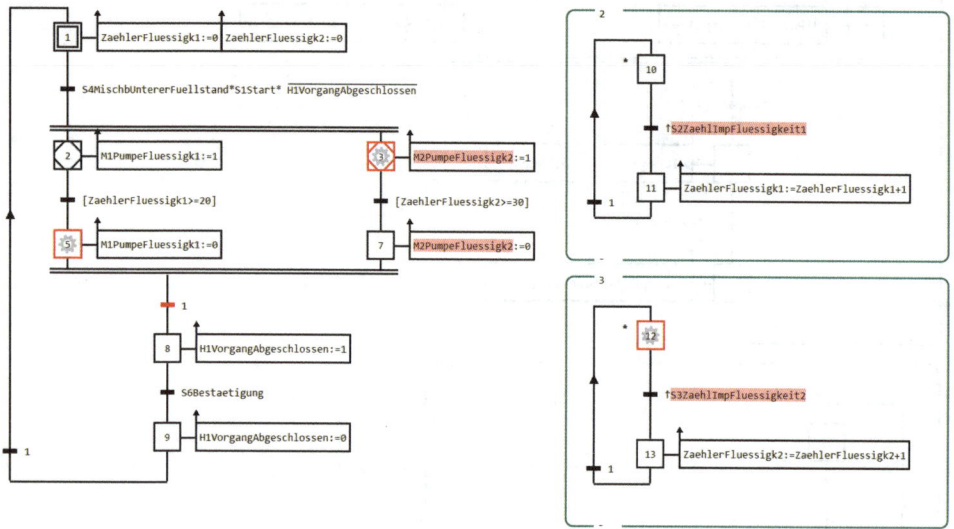

Bild 3.79 Flüssigkeit 1 wurde bereits vollständig in den Mischbehälter gepumpt.

3.9.5 Zusammenfassung

- Bei einer parallelen Verzweigung sind die ersten Schritte der einzelnen Teilabläufe über das Synchronisierungssymbol miteinander verbunden. Vor diesem Symbol befindet sich eine Transition, welche diese Schritte gleichzeitig aktiviert.

- Die abschließenden Schritte der einzelnen Teilabläufe einer parallelen Verzweigung sind ebenfalls über das Synchronisierungssymbol miteinander verbunden. Danach folgt eine Transition. Diese Transition ist erst freigegeben, wenn **alle** abschließenden Schritte der Teilabläufe aktiv sind. Mit anderen Worten: Alle Teilabläufe müssen komplett abgearbeitet worden sein; erst dann wird die abschließende Transition freigegeben.

3.9.6 Training

 MixingLiquids.plclab  MixingLiquids**Macro**.grafcet
FluessigkeitenMischen.plclab   FluessigkeitenMischen**Makro**.grafcet

Der GRAFCET des Mischbehälters soll so geändert werden, dass der dort verwendete einschließende Schritt *3* durch einen Makroschritt ersetzt wird.

3.9.6.1 Lösung

Im **Bild 3.80** ist der Makroschritt *3* im Teilablauf der parallelen Verzweigung enthalten. Er hat den einschließenden Schritt *3* ersetzt. Die Expansion des Makroschritts befindet sich Rahmen *3*.

Folgende Situation ist im Bild zu sehen: Flüssigkeit 2 wurde bereits vollständig in den Mischbehälter gepumpt. Dies erkennt man daran, dass im Teilablauf der Schritt *7* aktiv ist und somit die Pumpe für Flüssigkeit 2 bereits abgeschaltet worden ist. Flüssigkeit 1 wird noch in den Behälter gepumpt, da der einschließende Schritt *2* noch aktiv ist. Erst wenn auch dieser Teilablauf vollständig bearbeitet wurde und somit auch Schritt *5* aktiv ist, wird die Transition nach dem Synchronisierungssymbol freigegeben.

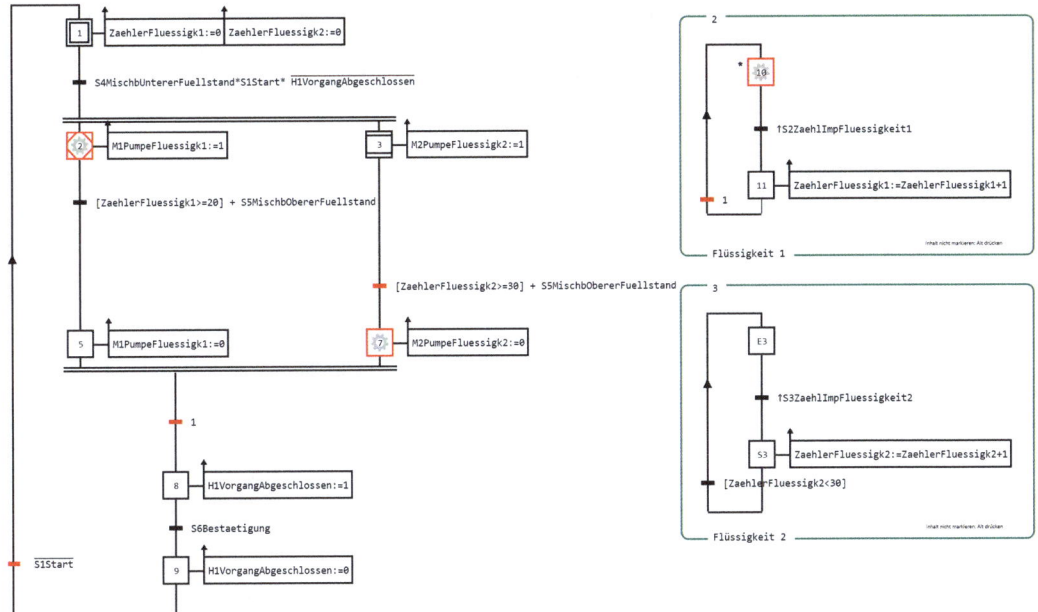

Bild 3.80 Lösung zum Training parallele Verzweigung mit einem Makroschritt

3.9.7 Kontrollfragen

- Mit welchem GRAFCET-Element beginnt und endet eine parallele Verzweigung?
- Wann ist die Transition, welche auf das abschließende Synchronisierungssymbol folgt, freigegeben?

3 Lernphasen

3.10 Lernphase 10: Zwangssteuernde Befehle

3.10.1 Lernziel

Die zwangssteuernden Befehle werden den Strukturierungselementen von GRAFCET zugeordnet, ähnlich wie die einschließenden Schritte und Makroschritte. Diese Zuordnung ist nicht offensichtlich, wird doch mit einem zwangssteuernden Befehl ein Teil-GRAFCET in eine bestimmte Situation versetzt (also zwangsgesteuert).

Die Rechtmäßigkeit dieser Zuordnung wird aber ersichtlich, wenn man z.B. folgendes Gedankenspiel durchführt: Ein Teil-GRAFCET G1 beinhaltet einen zwangssteuernden Befehl, der den Teil-GRAFCET G2 beeinflusst. Somit befindet sich der Teil-GRAFCET G1 in der (Befehls-)Hierarchie über dem Teil-GRAFCET G2. Des Weiteren beeinflusst ein zwangssteuernder Befehl nicht einen einzelnen Operanden, wie etwa eine kontinuierlich wirkende Aktion, sondern einen gesamten Teil-GRAFCET. Somit muss der zwangsgesteuerte Teil-GRAFCET in einen eigenen Rahmen ausgelagert werden.

Damit ist klar, dass zwangssteuernde Befehle sowohl Hierarchieebenen im GRAFCET schaffen als auch das Bilden von Teil-GRAFCETs notwendig machen. Sie als Strukturierungselemente zu bezeichnen, ist also durchaus angebracht, denn sie zwingen den Programmierer, den GRAFCET zu strukturieren, um den Einsatz der Befehle überhaupt zu ermöglichen.

GRAFCET besitzt vier zwangssteuernde Befehle, welche den angegebenen Teil-GRAFCET in eine bestimmte Situation versetzen. Diese Situation bleibt so lange unverändert, wie der zwangssteuernde Befehl ausgeführt wird.
Ein zwangssteuernder Befehl wird mit einem Schritt verbunden, so wie eine kontinuierlich wirkende Aktion. Das Symbol eines zwangssteuernden Befehls ist ein Rechteck mit einem doppelten Rahmen.

Lernschritte:

- Benennen der zwangssteuernden Befehle
- Anwenden von zwangssteuernden Befehlen

3.10.2 Wissenswertes

Zunächst sollen die vier Arten zwangssteuernder Befehle benannt werden. Wie schon erwähnt, unterscheiden sich die Befehle dadurch, dass sie den angegebenen Teil-GRAFCET in unterschiedliche Situationen versetzen. Die zwangssteuernden Befehle werden an einem Schritt angebracht. Ist der Schritt aktiv, dann wird die Zwangssteuerung ausgeführt. Hier die vier Befehlsvarianten:

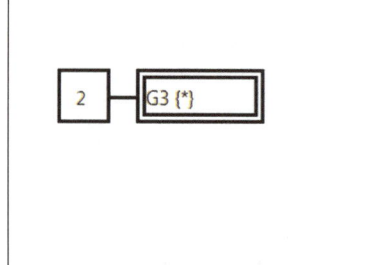	**Zwangssteuerung in die momentane Situation** Der zwangssteuernde Befehl ist von Schritt *2* abhängig und beeinflusst den Teil-GRAFCET *G3*. Innerhalb der geschweiften Klammern wird die Variante des Befehls definiert. In der Darstellung ist dabei das Zeichen „*" angegeben. Dies bedeutet, dass der zwangssteuernde Befehl den Teil-GRAFCET in der **momentanen Situation festhält** oder auch **einfriert**. Alle Schritte im Teil-GRAFCET *G3* behalten ihren momentanen Aktivierungsstatus, gleiches gilt auch für die Aktionen. Es finden keine Übergänge statt.

3 Lernphasen

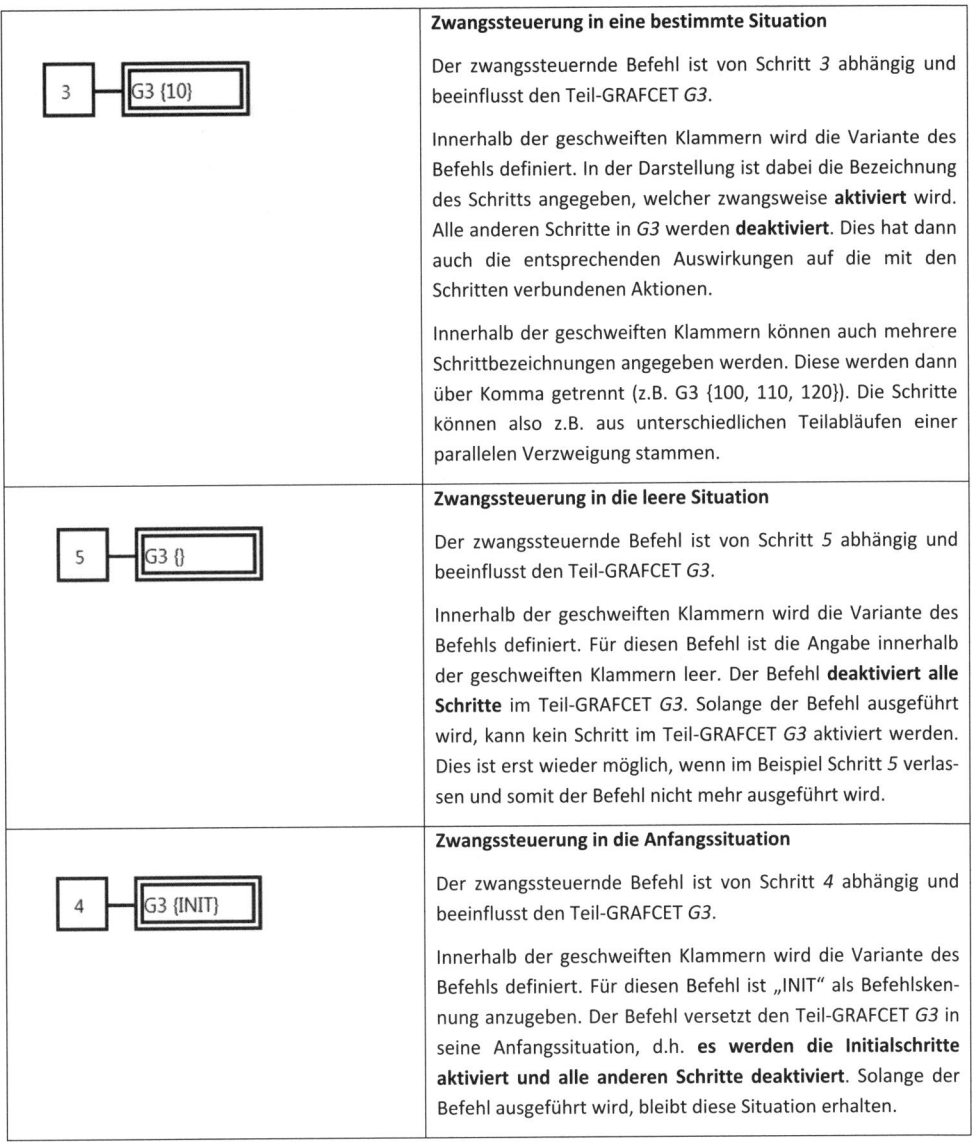

Zwangssteuerung in eine bestimmte Situation

Der zwangssteuernde Befehl ist von Schritt *3* abhängig und beeinflusst den Teil-GRAFCET *G3*.

Innerhalb der geschweiften Klammern wird die Variante des Befehls definiert. In der Darstellung ist dabei die Bezeichnung des Schritts angegeben, welcher zwangsweise **aktiviert** wird. Alle anderen Schritte in *G3* werden **deaktiviert**. Dies hat dann auch die entsprechenden Auswirkungen auf die mit den Schritten verbundenen Aktionen.

Innerhalb der geschweiften Klammern können auch mehrere Schrittbezeichnungen angegeben werden. Diese werden dann über Komma getrennt (z.B. G3 {100, 110, 120}). Die Schritte können also z.B. aus unterschiedlichen Teilabläufen einer parallelen Verzweigung stammen.

Zwangssteuerung in die leere Situation

Der zwangssteuernde Befehl ist von Schritt *5* abhängig und beeinflusst den Teil-GRAFCET *G3*.

Innerhalb der geschweiften Klammern wird die Variante des Befehls definiert. Für diesen Befehl ist die Angabe innerhalb der geschweiften Klammern leer. Der Befehl **deaktiviert alle Schritte** im Teil-GRAFCET *G3*. Solange der Befehl ausgeführt wird, kann kein Schritt im Teil-GRAFCET *G3* aktiviert werden. Dies ist erst wieder möglich, wenn im Beispiel Schritt *5* verlassen und somit der Befehl nicht mehr ausgeführt wird.

Zwangssteuerung in die Anfangssituation

Der zwangssteuernde Befehl ist von Schritt *4* abhängig und beeinflusst den Teil-GRAFCET *G3*.

Innerhalb der geschweiften Klammern wird die Variante des Befehls definiert. Für diesen Befehl ist „INIT" als Befehlskennung anzugeben. Der Befehl versetzt den Teil-GRAFCET *G3* in seine Anfangssituation, d.h. **es werden die Initialschritte aktiviert und alle anderen Schritte deaktiviert**. Solange der Befehl ausgeführt wird, bleibt diese Situation erhalten.

Damit sind die verschiedenen Befehlsvarianten der zwangssteuernden Befehle bekannt. Im Folgenden soll die **Zwangssteuerung in die Anfangssituation** in einem Beispiel verwendet werden.

Das Beispiel (**Bild 3.81**) besteht aus einem Haupt-GRAFCET mit den Schritten *1* und *2*. An Schritt *1* ist ein zwangssteuernder Befehl angebracht. Dabei wurde der Befehl „Zwangssteuerung in die Anfangssituation" verwendet, welcher über das Schlüsselwort *INIT* innerhalb der Klammern definiert wird. Im Befehl ist der Teil-GRAFCET *G1* angegeben, der somit über den Befehl beeinflusst wird. Der Teil-GRAFCET von *G1* befindet sich in einem Rahmen mit eben dieser Bezeichnung *G1* am linken unteren Eck. Im Bild ist der Zeitpunkt zu sehen, bei dem Schritt *1* aktiv ist und somit der zwangssteuernde Befehl ausgeführt wird. Für den Teil-GRAFCET in *G1* bedeutet dies, dass der Initialschritt *3* aktiviert wird und alle anderen Schritte deaktiviert werden. Solange der Befehl ausgeführt wird, findet kein Übergang von Schritt *3* zu Schritt *4* statt. Der Teil-GRAFCET *G1* verharrt also in der dargestellten Situation.

3 Lernphasen

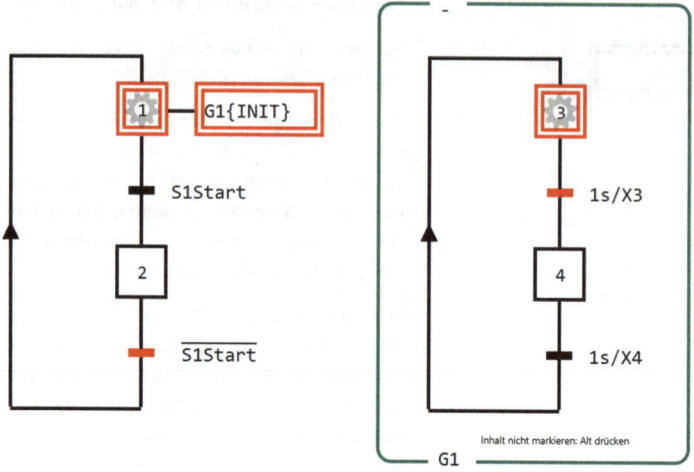

Bild 3.81 Teil-GRAFCET G1 wird durch den Befehl *G1{INIT}* zwangsgesteuert.

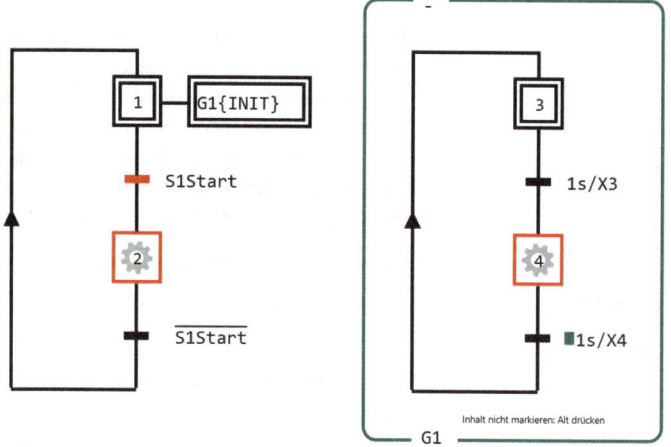

Bild 3.82 Teil-GRAFCET *G1* wird nicht mehr durch den zwangssteuernden Befehl beeinflusst.

In **Bild 3.82** ist der Zeitpunkt zu sehen, bei dem der Übergang von Schritt *1* zu Schritt *2* ausgeführt wurde, da die Transitionsbedingung *S1Start* erfüllt ist. Somit wird der zwangssteuernde Befehl an Schritt *1* nicht mehr ausgeführt. Der Teil-GRAFCET *G1* ist also nicht mehr zwangsgesteuert. Somit können sich im Teil-GRAFCET *G1* wieder Änderungen ergeben; im Bild wurde bereits der Übergang von Schritt *3* zu Schritt *4* vollzogen.

3 Lernphasen

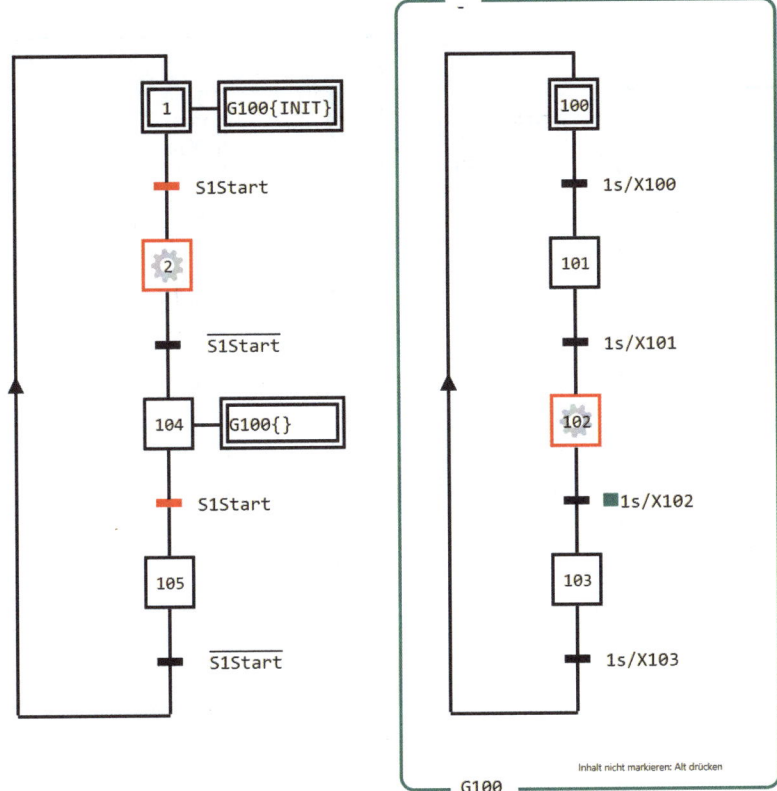

Bild 3.83 Zwangssteuerung mit den Befehlen „Zwangssteuerung in die Anfangssituation" und „Zwangssteuerung in die leere Situation"

In **Bild 3.83** ist ein weiteres Beispiel dargestellt, diesmal mit **zwei zwangssteuernden Befehlen**. Der Befehl mit dem Schlüsselwort *INIT* wurde bereits im letzten Beispiel verwendet. Am Schritt *104* ist ein Befehl **„Zwangssteuerung in die leere Situation"** angebracht, der den Teil-GRAFCET *G100* beeinflusst. Zu dem im Bild dargestellten Zeitpunkt wird keiner der zwangssteuernden Befehle ausgeführt, d.h. *G100* wird nicht zwangsweise in eine bestimmte Situation versetzt. Dies erkennt man auch daran, dass in *G100* der Schritt *102* aktiv ist.

3 Lernphasen

In **Bild 3.84** ist dies anders.

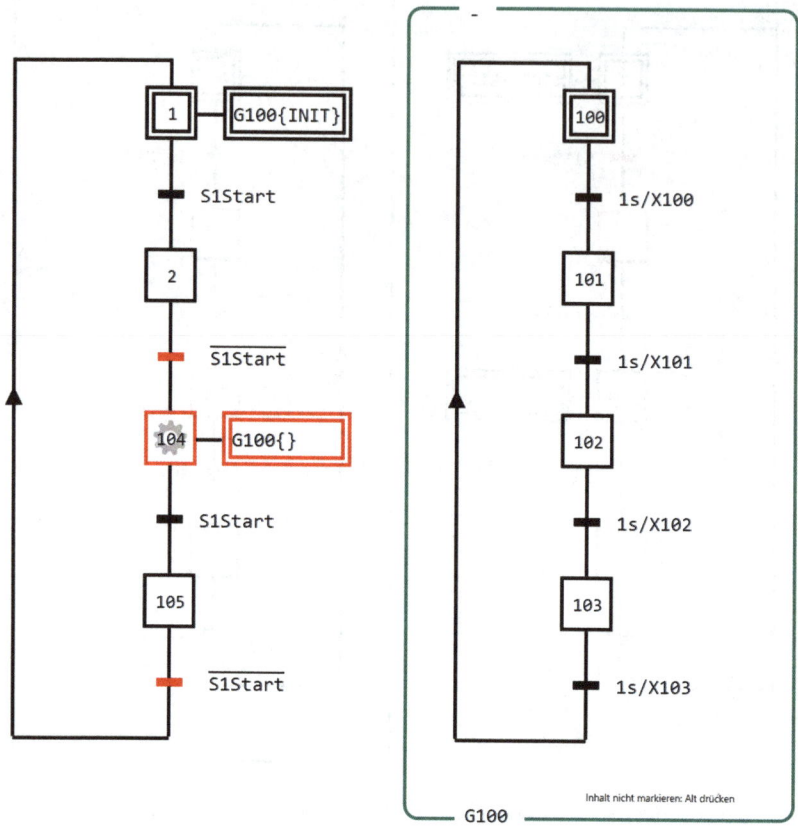

Bild 3.84 Der Teil-GRAFCET *G100* wird in die leere Situation zwangsgesteuert.

Hier ist Schritt *104* aktiv und somit wird der zwangssteuernde Befehl an diesem Schritt ausgeführt, welcher *G100* in die **leere Situation** zwangssteuert. Dies bedeutet, **alle** Schritte in *G100* werden **deaktiviert** und der Teil-GRAFCET verbleibt in dieser Situation. Erfolgt der Übergang von Schritt *104* zu Schritt *105*, dann wird auch der Befehl nicht mehr ausgeführt. Allerdings ändert dies in *G100* noch nicht viel, denn die Schritte bleiben zunächst deaktiviert. Erst wenn im Haupt-GRAFCET der Schritt *1* aktiv ist und somit der Initialisierungsschritt *100* im Teil-GRAFCET *G100* zwangsweise auf aktiv gesteuert wird, sind die Voraussetzungen für Veränderungen im Teil-GRAFCET *G100* gegeben. Verändern kann sich aber erst dann etwas, wenn Schritt *1* wieder verlassen wurde, denn anderenfalls verbleibt *G100* wegen des zwangssteuernden Befehls in der Anfangssituation.

Das Beispiel zeigt auch, dass man sich nach der Anwendung einer Zwangssteuerung in eine leere Situation Gedanken darübermachen muss, wie der zwangsgesteuerte Teil-GRAFCET wieder ‚zum Leben erweckt' wird. Hier können dann z.B. die Befehle „Zwangssteuerung in eine bestimmte Situation" oder „Zwangssteuerung in die Anfangssituation" verwendet werden.

3.10.3 Anwendung

 ManualAndAutomaticMode
HandAutoUmschaltung.plclab

 ManualAndAutomaticMode
HandAutoUmschaltung.grafcet

> Bei einer Anlage ist der Hand-/Automatikbetrieb zu realisieren. Die Betriebsarten werden mit einem Schalter eingestellt und über die Signalleuchten *H1* und *H2* angezeigt. Ist der Schalter Hand/Automatik betätigt, dann ist der Automatikbetrieb aktiv und *S1HandAutomatik* hat den Wert *True*.

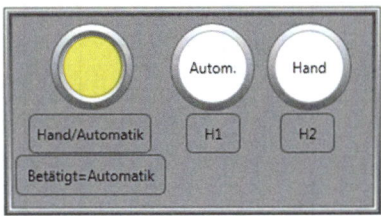

Bild 3.85 Technologieschema zur Anwendung der Betriebsartenwahl Hand/Automatik

Benennung der Operanden:

S1HandAutomatik	Schalter „Hand/Automatik", betätigt = True = Automatik
H1Automatik	Lampe „Automatik"
H2Hand	Lampe „Hand"

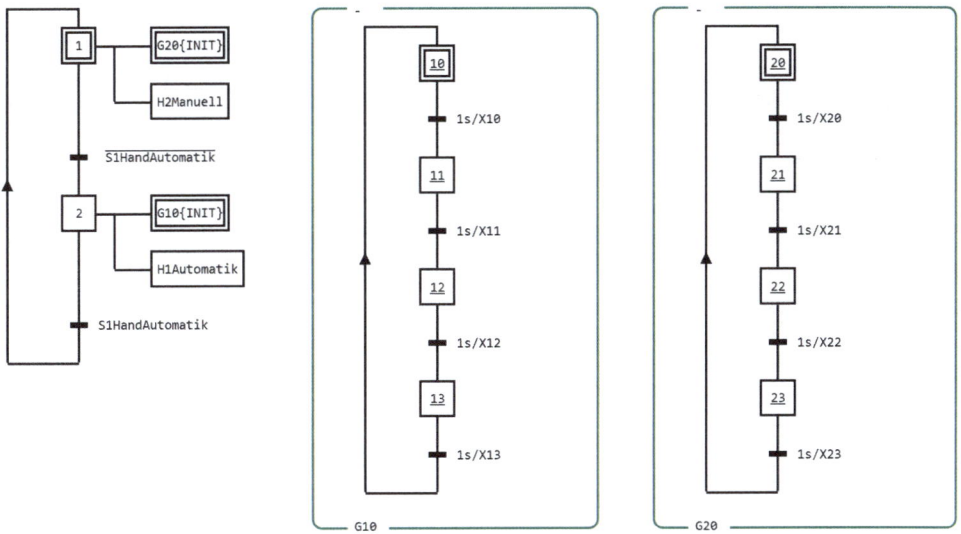

Bild 3.86 Lösung zu Hand-/Automatik-Umschaltung mit zwangssteuernden Befehlen

In obigem Bild ist die Lösung zu sehen. Sie besteht aus einem Haupt-GRAFCET mit den beiden zwangssteuernden Befehlen an den Schritten *1* und *2*. Daneben sind die beiden Teil-GRAFCETs *G10* und *G20* vorhanden. *G10* beinhaltet den GRAFCET für den Handbetrieb, während *G20* den GRAFCET für den Automatikbetrieb enthält.

3 Lernphasen

3.10.4 Test der Anwendung

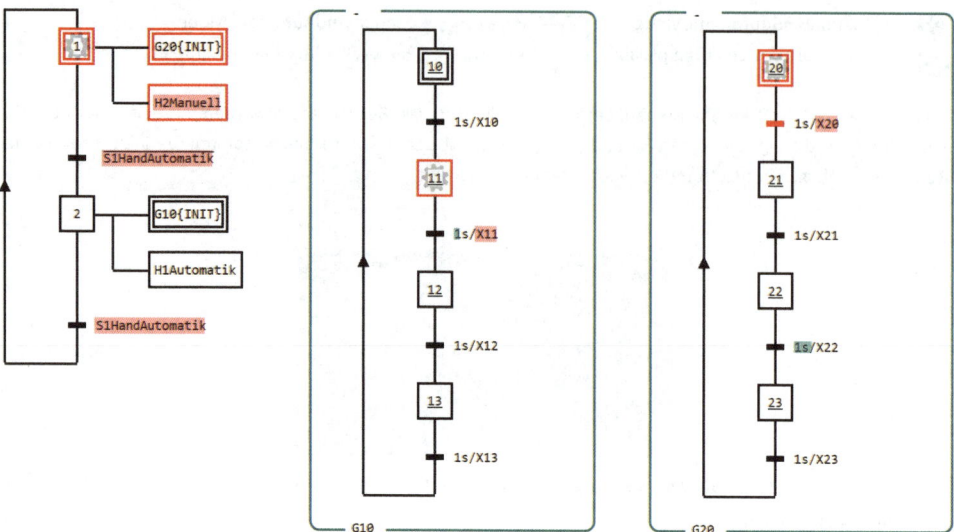

Bild 3.87 Die Betriebsart „Hand" ist angewählt.

In **Bild 3.87** ist die Betriebsart Hand am *S1HandAutomatik* selektiert. Im Haupt-GRAFCET ist der Schritt *1* aktiv und somit wird der Befehl *G20{INIT}* ausgeführt. Dies hat zur Folge, dass der Teil-GRAFCET *G20* (Automatik) in die Anfangssituation zwangsgesteuert wird. Im Bild ist dies daran zu erkennen, dass der Initialschritt *20* aktiv ist. Auf den Teil-GRAFCET *G10* (Hand) wirkt momentan kein zwangssteuernder Befehl.

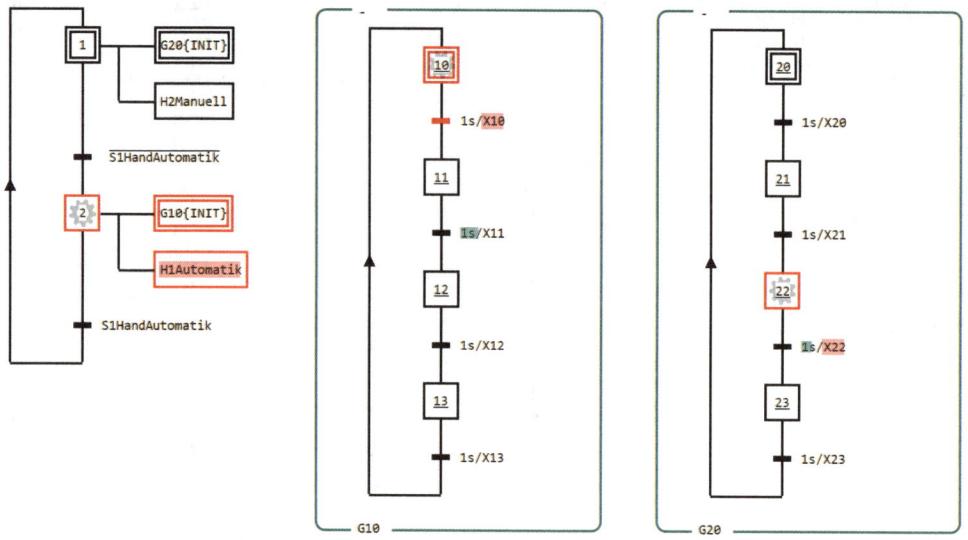

Bild 3.88 Die Betriebsart Automatik ist angewählt.

In **Bild 3.88** ist die Betriebsart Automatik selektiert. Damit ist der Schritt *2* aktiv und der Befehl *G10{INIT}* wird ausgeführt. Dies bedeutet, dass nun der Teil-GRAFCET *G10* zwangsgesteuert wird und in der Anfangssituation verbleibt. Teil-GRAFCET *G20* hingegen ist nicht mehr zwangsgesteuert, denn der Befehl *G20{INIT}* wird ja nur ausgeführt, solange Schritt *1* aktiv ist. Dies ist hier nicht der Fall.

3.10.5 Zusammenfassung

- Zwangssteuernde Befehle werden den Strukturierungselementen von GRAFCET zugeordnet.
- Zwangssteuernde Befehle üben ihre Zwangssteuerung auf Teil-GRAFCETs aus, die sich in Rahmen befinden und mit dem Präfix **G** bezeichnet sind.
- Voraussetzung für die Verwendung von zwangssteuernden Befehlen ist, den GRAFCET so zu strukturieren, dass sich die zwangsgesteuerten Schritte in einem Teil-GRAFCET befinden.
- GRAFCET kennt vier verschiedene Varianten von zwangssteuernden Befehlen.
- Die Befehlsvariante des zwangssteuernden Befehls wird über den Inhalt in den geschweiften Klammern definiert.
- Zwangssteuernde Befehle schaffen Hierarchieebenen. Der GRAFCET mit dem zwangssteuernden Befehl steht in einer höheren Ebene als der Teil-GRAFCET, auf den der Befehl wirkt.
- Wichtig: Die Zwangssteuerung hat **keine direkte Auswirkung** auf **Aktionen**. Die Aktionen reagieren nur auf den Schrittzustand. Wenn man einen Teil-Grafcet in eine leere Situation zwangssteuert (alle Schritte deaktiviert), bedeutet das nicht, dass die Aktionen ausgeschaltet sind. **Wenn der dazugehörige Schritt deaktiviert ist schreibt die kontinuierliche Aktion 0 in den Operanden.**

3.10.6 Training 1

 SelectingLevels.plclab    SelectingLevels.grafcet
EbeneSelektion.plclab   EbeneSelektion.grafcet

Es soll eine Hierarchie mit insgesamt drei Ebenen in GRAFCET realisiert werden. Der GRAFCET besteht aus einem Haupt-GRAFCET und den beiden Teil-GRAFCETs *G20* und *G30*. *G20* beinhaltet den manuellen Betrieb der Anlage. *G30* beinhaltet den Automatikbetrieb der Anlage. Zur Vereinfachung wird die Selektion der einzelnen Ebenen über einen **Schieberegler** vorgenommen. Ist die Ebene 1 selektiert, so hat *S1Ebene1* den Status *True*, bei Ebene 2 besitzt *S2Ebene2* den Status *True* und bei Selektion von Ebene 3 wird *S3Ebene3* auf *True* gesetzt.

Bedeutung der Ebenen:
Ebene 1: Stellt die Not-Aus-Situation dar. Diese beeinflusst *G30* über den zwangssteuernden Befehl *G30{}*. Des Weiteren wird der manuelle Betrieb in *G20* vorbereitet, indem der zwangssteuernde Befehl *G20{INIT}* ausgeführt wird.
Ebene 2: In dieser Ebene ist der Handbetrieb aktiv. Der manuelle Betrieb *G20* ist nicht zwangsgesteuert und der automatische Betrieb *G30* wird mit G30*{INIT}* beeinflusst.
Ebene 3: Der Automatikbetrieb ist aktiv, *G30* wird nicht zwangsgesteuert. *G20* wird über den Befehl *G20{INIT}* beeinflusst.

Die jeweils eingestellte Ebene ist über die Lampen *H1Ebene1*, *H2Ebene2* und *H3Ebene3* anzuzeigen.

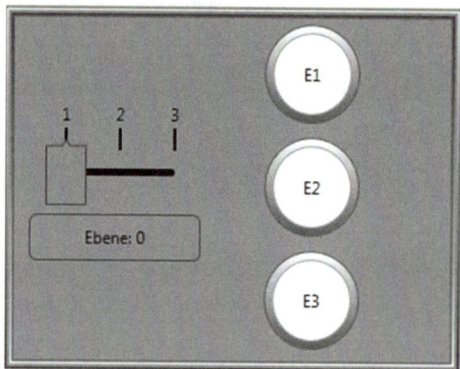

Bild 3.89 Technologieschema zur Drei-Ebenen-Hierarchie

Benennung der Operanden:

S1Ebene1	True = Ebene 1 ist selektiert (Not-Aus)
S2Ebene2	True = Ebene 2 ist selektiert (Hand)
S3Ebene3	True = Ebene 3 ist selektiert (Automatik)
H1Ebene1	Lampe „Ebene 1"
H2Ebene2	Lampe „Ebene 2"
H3Ebene3	Lampe „Ebene 3"

3.10.6.1 Lösung

Die Lösung wurde mit Zielhinweisen realisiert.

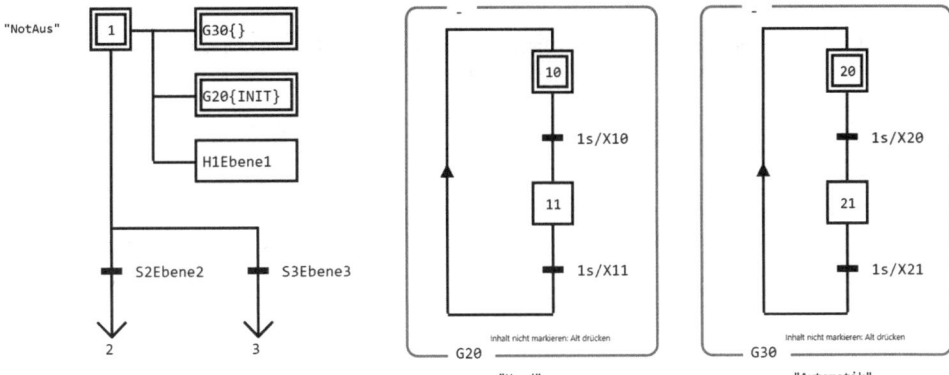

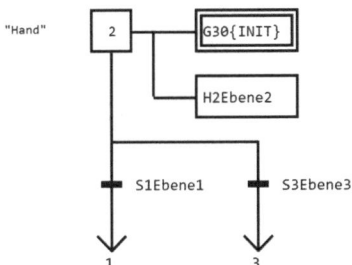

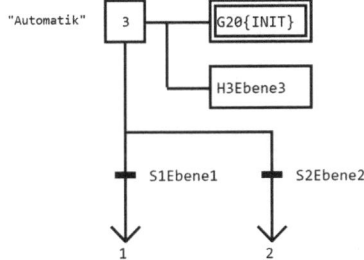

Bild 3.90 Lösung zur Trainingsaufgabe mit drei Hierarchie-Ebenen

3 Lernphasen

3.10.7 Training 2

 DrillMachine.plclab
Bohranlage.plclab

 DrillMachine.grafcet
Bohranlage.grafcet

Es soll der GRAFCET für eine Bohranlage mit den Betriebsarten Hand (bzw. Manuell) und Automatik entwickelt werden. Des Weiteren besitzt die Anlage einen Not-Aus-Schalter.

Ist die Steuerung eingeschaltet und wurde der Automatikbetrieb selektiert, dann wird mit dem Start-Taster folgender Vorgang ausgelöst:
1. M1Bohrer einschalten.
2. Bohrer fährt nach zwei Sekunden in die vordere Endlage.
3. Bohrer verbleibt für drei Sekunden in der vorderen Endlage.
4. Bohrer fährt nach hinten und M1Bohrer wird abgeschaltet. Das Gebläse schaltet sich ein.
5. Das Gebläse bleibt für vier Sekunden eingeschaltet und schaltet sich danach ab.

Der automatische Ablauf ist in den Teil-GRAFCET *G1* auszulagern, der manuelle Betrieb in den Teil-GRAFCET *G2*. Bei Not-Aus sollen beide Teil-GRAFCETs *G1* und *G2* mit dem zwangssteuernden Befehl „Zwangssteuerung in die leere Situation" gebracht werden. Im Handbetrieb sind alle Bewegungen unabhängig voneinander ausführbar, sofern die Steuerung eingeschaltet ist. Für den Handbetrieb sind entsprechende Taster für die jeweiligen Anlagenaktionen vorhanden (Einrichtebetrieb).

Hinweis: Die in der Betriebsart Hand eingeschalteten Aktoren bleiben auch eingeschaltet, wenn die Betriebsart Hand abgewählt wurde. Die Aktoren müssen also ordnungsgemäß von Hand abgeschaltet werden, bevor der Handbetrieb verlassen wird. Auf das Abschalten der Aktoren beim Verlassen des Handbetriebs wird aus Vereinfachungsgründen verzichtet.

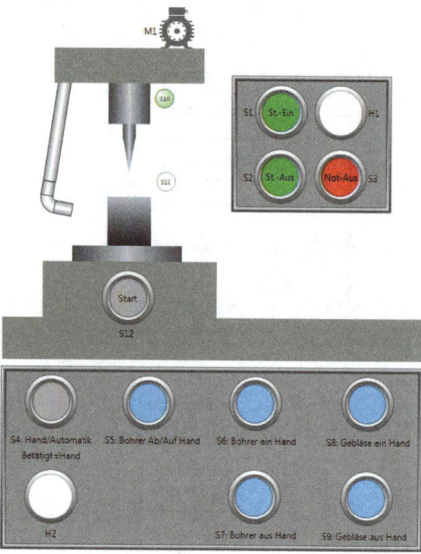

Bild 3.91 Technologieschema zur Bohranlage

Benennung der Operanden:

S1StEin	Taster „Steuerung ein", betätigt = True
S2StAus	Taster „Steuerung aus", betätigt = False
S3NotAus	Schalter „Not-Aus", betätigt = False
S4HandAuto	Schalter „Hand/Automatik", betätigt = True = Hand
S5BohrerAbAufHand	Taster „Bohrer Ab/Auf Hand", betätigt = True, betätigt = abwärts
S6BohrerEinHand	Taster „Bohrer ein Hand", betätigt = True
S7BohrerAusHand	Taster „Bohrer aus Hand", betätigt = True
S8GeblaeseEinHand	Taster „Gebläse ein Hand", betätigt = True
S9GeblaeseAusHand	Taster „Gebläse aus Hand", betätigt = True
S10BohrerHinten	Sensor Bohrer hinten, betätigt = True
S11BohrerVorn	Sensor Bohrer vorn, betätigt = True
S12StartAutomatik	Taster „Start", betätigt = True
H1StEin	Lampe „Steuerung ein"
H2HandEin	Lampe „Hand ein"
M1Bohrer	Motor Bohrmaschine
A1BohrerVorZurueck	Aktor Bohrer vor-/zurückfahren, True = nach vorne fahren
M2Geblaese	Motor Gebläse

3.10.8 Lösung

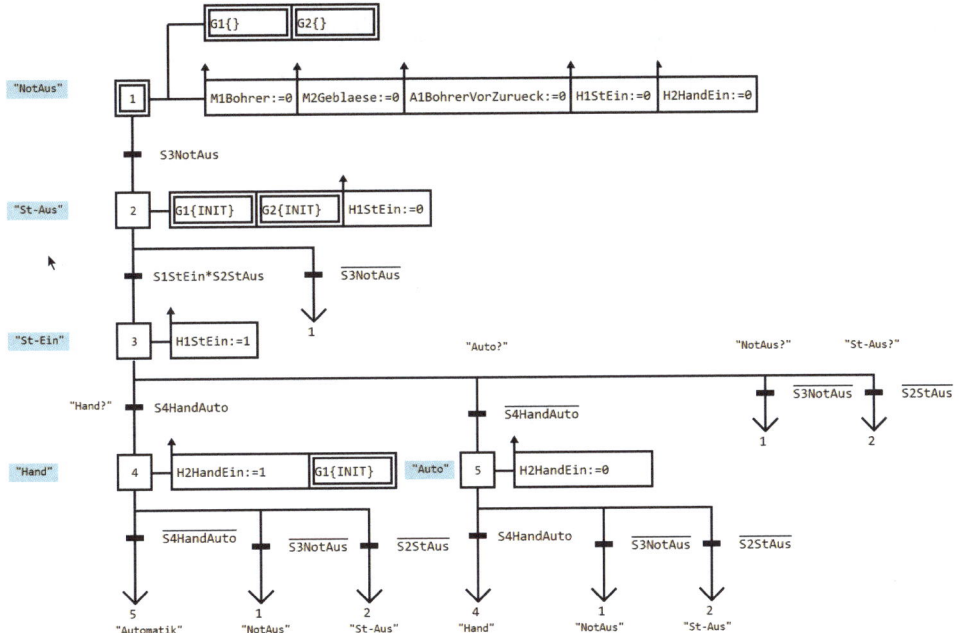

Bild 3.92 Haupt-GRAFCET zur Bohranlage

Im Haupt-GRAFCET wurden Zielhinweise verwendet, um den GRAFCET übersichtlicher zu gestalten. Dabei wird an dem mit einem Pfeil symbolisierten Zielhinweis die jeweilige Bezeichnung des Ziel-Schritts angegeben. Steht dort beispielsweise die Angabe *1*, dann erfolgt ein Sprung zum Schritt *1*.

3 Lernphasen

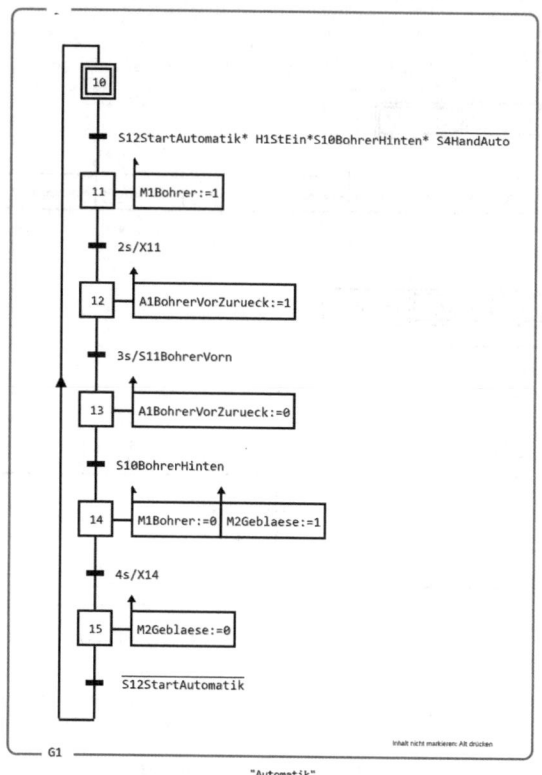

Bild 3.93 Automatischer Ablauf zur Bohranlage im Teil-GRAFCET G1

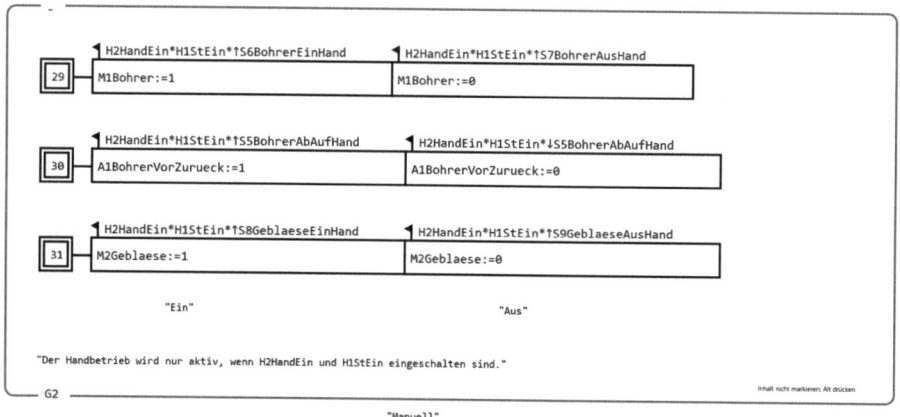

Bild 3.94 Handbetrieb der Bohranlage im Teil-GRAFCET *G2*

3.10.9 Kontrollfragen

- Wie viele Varianten von zwangssteuernden Befehlen sind in GARFCET möglich?
- Benennen Sie die Befehlsvarianten der zwangssteuernden Befehle in GRAFCET.
- Welche Angabe muss bei einem zwangssteuernden Befehl der Variante „Zwangssteuerung in eine bestimmte Situation" innerhalb der geschweiften Klammern vorhanden sein?
- Der zwangssteuernde Befehle *G10{}* wird ausgeführt. Welche Auswirkungen hat dies auf den Teil-GRAFCET *G10*?
- Welcher GRAFCET ist von der Hierarchie her höher angesiedelt: der Teil-GRAFCET mit dem zwangssteuernden Befehl oder der Teil-GRAFCET, auf den sich die Zwangssteuerung des Befehls auswirkt?
- Warum kann man die zwangssteuernden Befehle als Strukturierungselemente bezeichnen?

3.11 Typische Fehler vermeiden

<u>Zwangsgesteuerte Teil-GRAFCETs:</u>

Wenn ein GRAFCET zwangsgesteuert wird, sind die Zustände der Schritte auf einem definierten Zustand und ändern sich nicht. Dabei ist zu beachten, dass kontinuierlich wirkende Aktionen ausgeführt werden: Wenn eine Aktion an einen aktiven Schritt gekoppelt ist, wird der Operand in der Aktion auf *True* gesetzt. Ist der Schritt inaktiv, wird er auf *False* gesetzt, sofern der Operand nicht noch in einer anderen kontinuierlich wirkenden Aktion verwendet wird und der mit dieser Aktion verbundene Schritt den Status *True* besitzt.

4 Umsetzung GRAFCET nach Funktionsplan (FUP)

Die in diesem Kapitel vorgestellten Sachverhalte sind nur für den Leser interessant, der einen GRAFCET in ein SPS-Programm umsetzen möchte und schon über entsprechende SPS-Kenntnisse verfügt. Dabei ist das SPS-Zielsystem unerheblich, da die verwendeten SPS-Objekte in allen SPS-Familien (S7-300/400, S7-1200/1500, IEC 61131-Steuerungen) vorhanden sind.

Mit GRAFCET-Studio ist die händische Umsetzung des GRAFCET nicht notwendig. Mit der **Pro-Edition** von GRAFCET-Studio kann der erstellte GRAFCET **direkt in eine SPS übertragen werden**. Mit GRAFCET-Studio kann somit der GRAFCET direkt als Programmiersprache für einen SPS verwendet werden.

Da diese komfortable Möglichkeit nur in GRAFCET-Studio Pro besteht und bisher die Umsetzung des GRAFCET immer händisch erfolgte, sollen die dazu notwendigen Formalismen in diesem Kapitel erläutert werden.

Die Umsetzung eines GRAFCET in ein SPS-Programm erfolgt am Beispiel aus Kapitel 3.5.6 „hydraulische Kurzhubpresse". **Jeder Schritt wird durch einen sog. Schrittmerker als rücksetzdominanter Speicher (SR-Speicher) realisiert**. Zu jedem Schritt gibt es somit eine Setz- und Rücksetzbedingung. Damit ist die Abhängigkeit der Schritte zueinander sehr einfach umsetzbar, da z.B. die Setzbedingungen über UND-Boxen realisiert werden. Grundsätzlich sind für die Umsetzung folgende Bedingungen festgelegt worden:

- Der Initialschritt wird erst dann gesetzt, wenn alle nachfolgenden Schritte nicht gesetzt sind.
- Jeder folgende Schritt nach dem Initialschritt wird durch die in den Transitionen vorhandenen Transitionsbedingungen und dem Vorgänger-Schritt gesetzt.
- Das Rücksetzen eines jeden Schritts erfolgt immer durch den nachfolgenden Schritt. Es sei denn, es handelt sich um den letzten Schritt, welcher durch die letzte Transitionsbedingung in der Rückführung rückgesetzt wird.
- Die Symbole der Schritte (SR-Speicher) erhalten das Präfix X gefolgt von der Schrittbezeichnung (z.B. X0, X5). Die Bezeichnung entspricht also den Schrittvariablen von GRAFCET.

So entsteht die in **Bild 4.1** dargestellte Grundstruktur der Schritte 1 bis 5. Die Aktionen an den Schritten und die Transitionsbedingungen sind noch nicht berücksichtigt.

4 Umsetzung GRAFCET nach Funktionsplan (FUP)

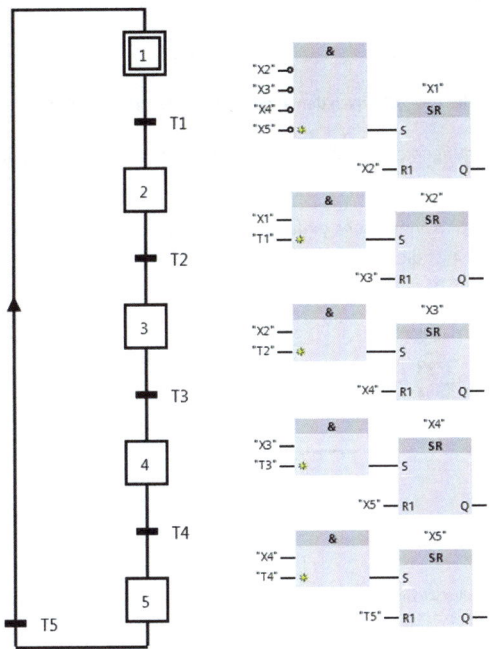

Bild 4.1 Umsetzung einer GRAFCET-Grundstruktur nach FUP

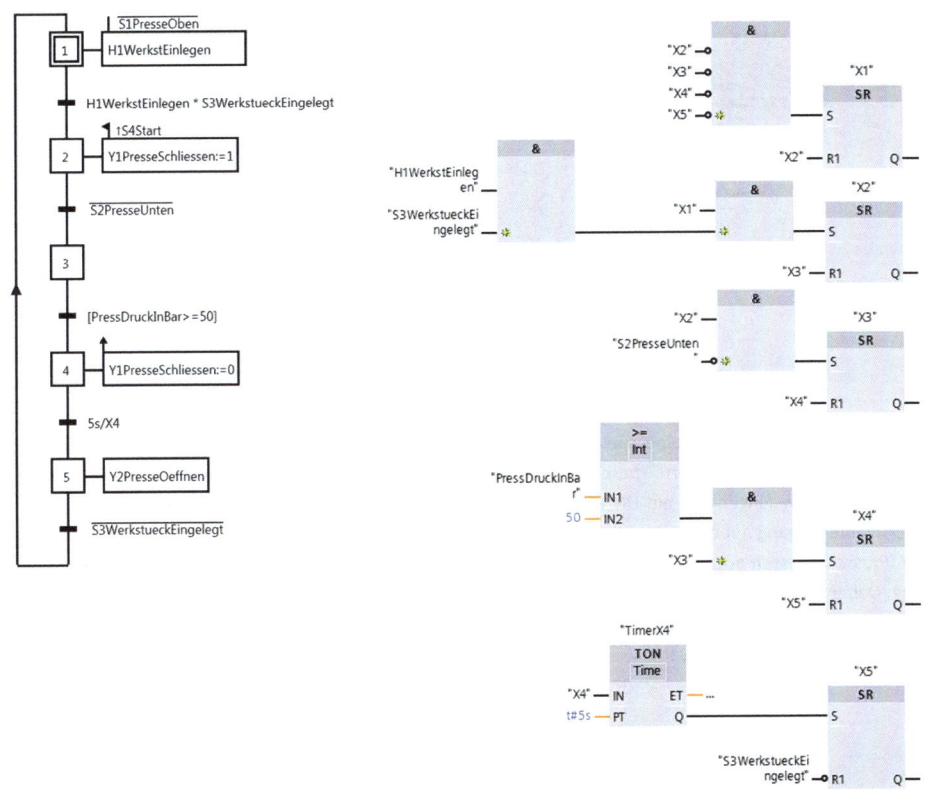

4 Umsetzung GRAFCET nach Funktionsplan (FUP)

Bild 4.2 Zur Erinnerung noch einmal der GRAFCET des Pressen-Beispiels

Bild 4.3 Einfügen der Transitionsbedingungen

In obigem Bild ist die Umsetzung des GRAFCET nach den aufgestellten Gesetzmäßigkeiten zu sehen.

Nachdem die Transitionsbedingungen entsprechend hinzugefügt wurden (siehe Bild oben), ist der GRAFCET bis auf die Aktionen umgesetzt.

Kontinuierlich wirkende Aktionen können sehr einfach in FUP umgesetzt werden, indem die Aktion direkt an den Schritt gekoppelt wird. In **Bild 4.4** ist dies exemplarisch für Schritt 5 zu sehen.

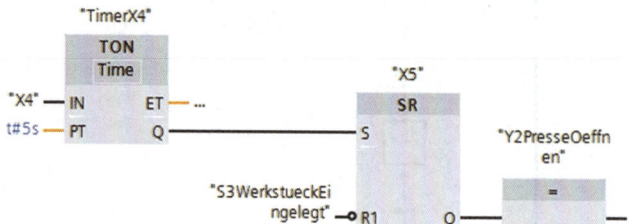

Bild 4.4 Die kontinuierlich wirkende Aktion kann direkt am Ausgang Q des Schrittmerkers angebracht werden.

Da an Schritt 3 im GRAFCET keine Aktion angefügt ist, wird am Q-Ausgang des Schrittmerkers X3 keine Zuweisung angebracht. An Schritt 1 ist eine kontinuierlich wirkende Aktion mit Zuweisungsbedingung angebracht. Dies wird in FUP so umgesetzt, dass man am Q-Ausgang des Schrittmerkers X1 eine UND-Verknüpfung anfügt. Am zweiten Eingang des UND-Blocks wird der Operand S1PresseOben negiert angebracht. Dies ist in **Bild 4.5** zu sehen.

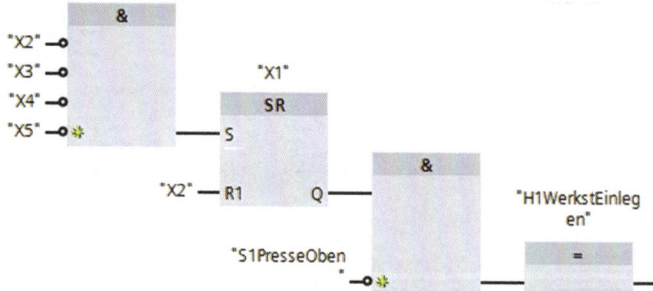

Bild 4.5 Umsetzung der kontinuierlich wirkenden Aktion mit Zuweisungsbedingung in FUP am Beispiel des Schritts 1

An Schritt 2 des GRAFCET ist eine speichernd wirkende Aktion bei Ereignis angebracht, die den Operanden Y1PresseSchliessen mit dem Wert *True* beschreibt. Für den Operanden Y1PresseSchliessen wird ein SR-Speicher verwendet. Am Setz-Eingang ist ein UND-Block angeordnet, wobei der erste Eingang mit dem Schrittmerker X2 und der zweite Eingang mit der Auswertung der positiven Flanke von S4Start belegt ist. Im GRAFCET wird der Operand Y1PresseSchliessen auch von Schritt 4 beeinflusst, und zwar mit einer speichernd wirkenden Aktion bei Aktivierung. Dabei wird der Operand Y1PresseSchliessen mit dem Wert *False* beschrieben. Im FUP wird dies so umgesetzt, dass man am Rücksetz-Eingang des SR-Speichers von Y1PresseSchliessen direkt den Schrittmerker X4 angibt. Die Umsetzung ist in **Bild 4.6** zu sehen.

4 Umsetzung GRAFCET nach Funktionsplan (FUP)

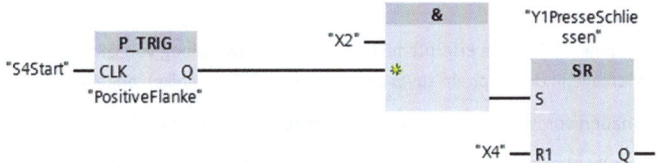

Bild 4.6 Umsetzung der Bedingungen für den Operanden *Y1PresseSchliessen* in FUP

Damit wurde der GRAFCET komplett in FUP umgesetzt.

5 Übungen

Die nachfolgenden Übungen sollen das Erlernte festigen und die Anwendung von GRAFCET in der Praxis trainieren. In den Übungen können alle in den Kapiteln zuvor erlernte GRAFCET-Techniken angewandt werden.

Gehen Sie folgendermaßen vor, wenn Sie eine Übungsaufgabe durchführen wollen:

1. Öffnen Sie in **GRAFCET-Studio** die richtige **Vorlage** (siehe Angabe in der Übungsaufgabe). Hier sind dann die für die Anlage notwendigen Operanden/Symbole vorhanden. Die Vorlage finden Sie in den „Eigenen Dateien" im Ordner „GRAFCET-Workbook".
2. Zum Test des GRAFCET laden Sie in PLC-Lab die gleichnamige virtuelle Anlage aus dem Knoten „GRAFCET-Workbook" (siehe Baumansicht). Stellen Sie als „Ziel" folgendes ein: „S7AG (WinSPS-S7)".
3. Starten Sie zuerst die virtuelle Anlage mit der Schaltfläche „RUN", damit die Eingangssignale richtig eingestellt werden.
4. Anschließend schalten Sie den Beobachten-Modus in GRAFCET-Studio ein.

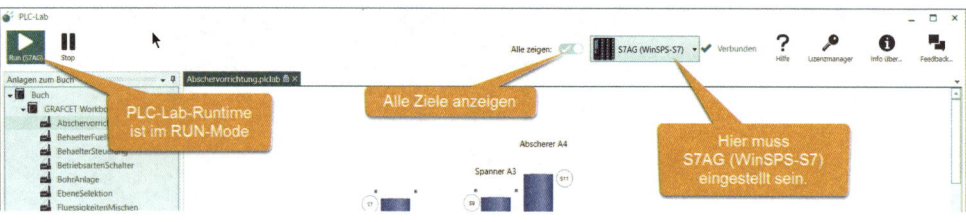

Bild: PLC-Lab Runtime im RUN-Mode

Viel Spaß bei der praktischen Anwendung von GRAFCET.

5 Übungen

5.1 Schrittkette für Metallreinigungs-Anlage

 WorkpieceWashingMachine
MetallReinigungsanlage.plclab

 WorkpieceWashingMachine
MetallReinigungsanlage.grafcet

Der Vorgang einer Reinigungsanlage für Metalle soll über GRAFCET beschrieben bzw. programmiert werden. Die zur Reinigung vorbereiteten Teile werden von Hand in die Reinigungstrommel eingelegt, die Trommel wird verschlossen und über den Start-Taster wird die Reinigung gestartet.

Folgende Schritte sind zu programmieren:

Initialschritt 1: Keine Aktion. Weiterschaltbedingung: *S4Start*S2TrommelLeer*

Schritt 2: *Y1TrommelSchliessen* einschalten. Weiterschaltbedingung: *S1TrommelGeschl*

Schritt 3: *M2Pumpe* einschalten. Weiterschaltbedingung: *S3TrommelGefuellt*

Schritt 4: *M2Pumpe* abschalten und *Heizung* einschalten. Weiterschaltbedingung: *TempFluessigkeit* >= 35 °C

Schritt 5: *M1Trommel* einschalten. Weiterschaltbedingung: *5s/X5*

Schritt 6: *M1Trommel* und *Heizung* ausschalten. *M3Pumpe* einschalten. Weiterschaltbedingung: *S2TrommelLeer*

Schritt 7: *M3Pumpe* ausschalten und *H1ReinigungAbgeschlossen* einschalten. Weiterschaltbedingung: *S5Bestaetigen*

Schritt 8: *H1ReinigungAbgeschlossen* und *Y1TrommelSchliessen* ausschalten. Weiterschaltbedingung: *!S4Start*

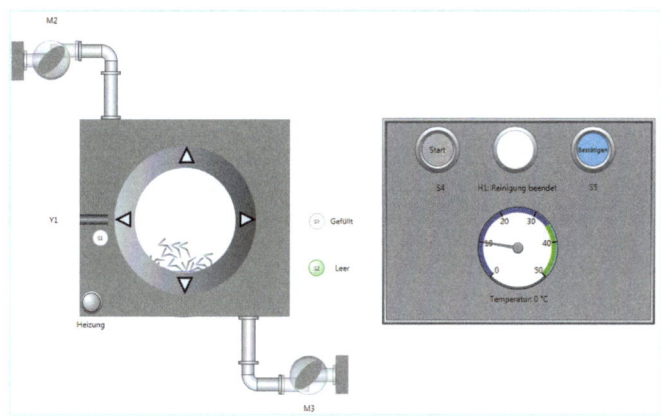

Bild 5.1 Technologieschema zur Metallreinigungs-Anlage

Benennung der Operanden:

S1TrommelGeschl	Sensor Trommel geschlossen, betätigt = True
S2TrommelLeer	Sensor Trommel ist nicht mit Flüssigkeit gefüllt, Wert = True wenn Zustand vorhanden
S3TrommelGefuellt	Sensor Trommel ist mit Flüssigkeit gefüllt, Wert = True wenn Zustand vorhanden
S4Start	Taster „Start", betätigt = True
S5Bestaetigen	Taster „Bestätigen", betätigt = True
TempFluessigkeit	Sensor Flüssigkeitstemperatur, ganzzahliger Wert 0–50 °C
M1Trommel	Motor Trommel
M2Pumpe	Pumpe im Zulauf
H1ReinigungAbgeschlossen	Lampe „Reinigung abgeschlossen"
Heizung	Heizung
M3Pumpe	Pumpe im Ablauf
A1TrommelSchliessen	Aktor Trommel verschließen

5.2 Zeitgesteuerte Taktkette

 TimeControlledSteps.plclab
ZeitgesteuerteTaktkette.plclab

 TimeControlledSteps.grafcet
ZeitgesteuerteTaktkette.grafcet

Eine Taktkette mit insgesamt fünf Schritten soll zeitabhängig programmiert werden. Der Start erfolgt über einen Taster (Impuls) und wird kontinuierlich solange durchgeführt, bis der Taster erneut gedrückt wird. Die Schritte müssen **immer komplett** ausgeführt werden. Für die Lösung bietet sich somit ein einschließender Schritt an. Jedem Takt ist eine Lampe zugeordnet.

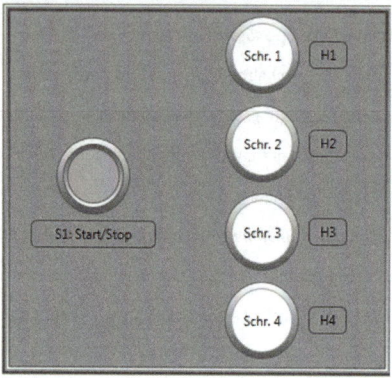

Bild 5.2 Technologieschema für zeitgesteuerte Taktkette

Benennung der Operanden:

S1StartStop	Taster „Start/Stop", betätigt = True
H1Schritt1	Lampe Schritt 1
H2Schritt2	Lampe Schritt 2
H3Schritt3	Lampe Schritt 3
H4Schritt4	Lampe Schritt 4

5.3 Füllanlage

 FillingTank.plclab
Fuellanlage.plclab

 FillingTank.grafcet
Fuellanlage.grafcet

Es ist der GRAFCET für die in **Bild** 5.3 gezeigte Füllanlage zu entwerfen. Durch den Start-Taster *S1* wird das Füllen des Behälters über die Pumpe *M1* und dem Ventil *Y1* bis zu einem Füllstand von 95 Litern gestartet. Ist dieser Füllstand erreicht, soll das Medium mit Hilfe von *M3* gerührt werden. Der Rührvorgang besteht aus 10 Sekunden Rühren gefolgt von einer Pause mit einer Länge von 5 Sekunden. Dieser Rührvorgang ist dreimal zu durchlaufen. Danach wird der Behälter über die Pumpe *M2* und das Ventil *Y2* komplett entleert. Das Rührwerk schaltet sich beim Entleeren solange dauerhaft ein, bis der Füllstand des Mediums weniger als 5 Liter beträgt. Es ist zu beachten, dass keine Pumpe beim Einschalten gegen ein geschlossenes Ventil fördern darf. Die Einschaltverzögerung der Pumpe gegenüber dem entsprechenden Ventil soll zwei Sekunden betragen. Der momentane Füllstand des Behälters ist als ganzzahliger Wert im Operanden *Fuellstand* enthalten.

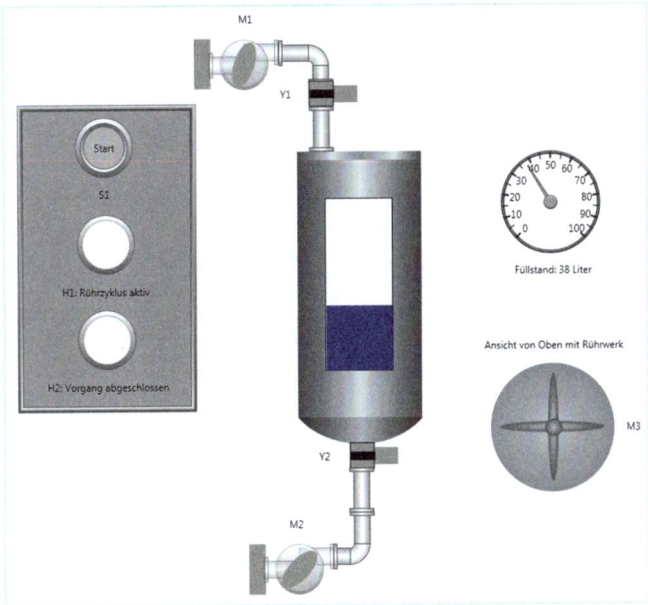

Bild 5.3 Technologieschema zur Füllanlage

Benennung der Operanden:

S1Start	Taster „Start", betätigt = True
Fuellstand	Sensor für den Füllstand, ganzzahliger Wert 0–100 Liter
H1RuehrwerkAktiv	Lampe „Rührwerkzyklus aktiv"
H2VorgangAbgeschl	Lampe „Vorgang abgeschlossen"
M1PumpeFuellen	Pumpe im Zulauf
M2PumpeEntleeren	Pumpe am Ablauf
M3Ruehrwerk	Motor für Rührwerk
Y1VentilFuellen	Ventil im Zulauf
Y2VentilEntleeren	Ventil am Ablauf
Zaehler	Interner ganzzahliger Wert zum Zwischenspeichern der Anzahl der Zyklen

5 Übungen

5.4 Betriebsarten-Schalter

 SwitchingOperatingMode
Betriebsartenschalter.plclab

 SwitchingOperatingMode
Betriebsartenschalter.grafcet

Für einen Rundschalttisch soll die Betriebsart Hand und Automatik programmiert werden. Die Betriebsarten werden jeweils über eine Lampe *H1* für Hand und *H2* für Automatik angezeigt. Die Selektion erfolgt über den Schalter *S1*. Ist *S1* betätigt, dann ist Automatik selektiert und der Operand hat den Wert *True*.

Der GRAFCET ist zu strukturieren. Dabei sind die Teil-GRAFCETs zu bilden: *G1* für den Handbetrieb und *G2* für den Automatikbetrieb.

Wurde der Not-Aus-Schalter *S2* betätigt, dann hat der Operand *S2* den Wert *False*. In diesem Fall darf in *G1* und *G2* kein Schritt mehr aktiv sein. Wird *S2* entriegelt (ist also nicht mehr betätigt), dann muss zunächst der Handbetrieb selektiert werden, bevor man wieder in den Automatikbetrieb wechseln kann.

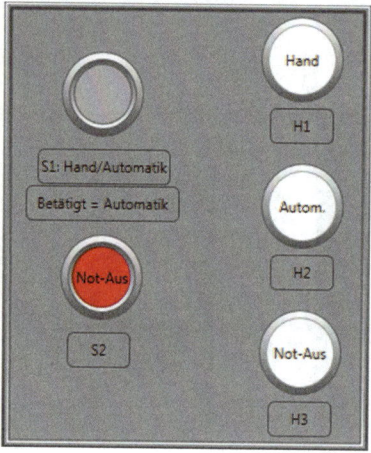

Bild 5.4 Technologieschema zur Betriebsanwahl

Benennung der Operanden:

S1HandAutomatik	Schalter „Hand/Automatik", betätigt = True = Automatik
S2NotAus	Schalter „Not-Aus", betätigt = False
H1HandIstAktiv	Lampe „Hand"
H2AutomatikIstAktiv	Lampe „Automatik"
H3NotAus	Lampe „Not-Aus"

5.5 Rundschalttisch für einen Filter-Prüfautomaten

RotaryIndexTable.plclab
RundschalttischKurz.plclab

RotaryIndexTable.grafcet
RundschalttischKurz.grafcet

Die von einem Hersteller gefertigten Filter sollen hinsichtlich verschiedener Prüfverfahren bewertet werden. Maximal werden drei Prüfverfahren berücksichtigt; jedes Verfahren entspricht einer Prüfstation. Hinzu kommt die Aufnahme- und die Entnahmestation. Insgesamt sind fünf Stationen (und eine Reservestation) am Rundschalt-Tisch vorhanden. Mit dem Start-Taster (*S1Start*) wird der Filter vom Magazin in die leere Aufnahmestation transportiert. Der Rundschalttisch taktet jeweils um eine Station weiter, sobald alle Stationen die Fertigmeldung geliefert haben und die Entnahmestation leer ist. Der Sensor *S4* hat den Wert *True*, wenn sich der Tisch an einer korrekten Position befindet und die Prüfung bzw. die Entnahme ausgeführt werden kann. Die Entnahme ist dabei händisch vorzunehmen. Jede Station besitzt einen Sensor, der den Wert *True* hat, wenn ein Filter an der Station vorhanden und somit die Prüfung auszuführen ist (*S9–S14*).

Ist der Stop-Taster (*S2*) betätigt, werden keine neuen Filter in die Vorrichtung eingeschoben.

Hinweis: Jede Station hat eine eigene, zeitabhängige Prüfaktion als Ersatz zur Simulation des Prüfprogramms. Zur Simulation kann die Fertigmeldung einer Prüfstation nach zwei Sekunden als vorhanden angenommen werden. Die drei Prüfstationen und die Zuführung des Filters aus dem Magazin (*A1*) sind als einschließende Schritte zu programmieren und werden innerhalb der Teil-Abläufe einer parallelen Verzweigung aus dem Haupt-GRAFCET aufgerufen.

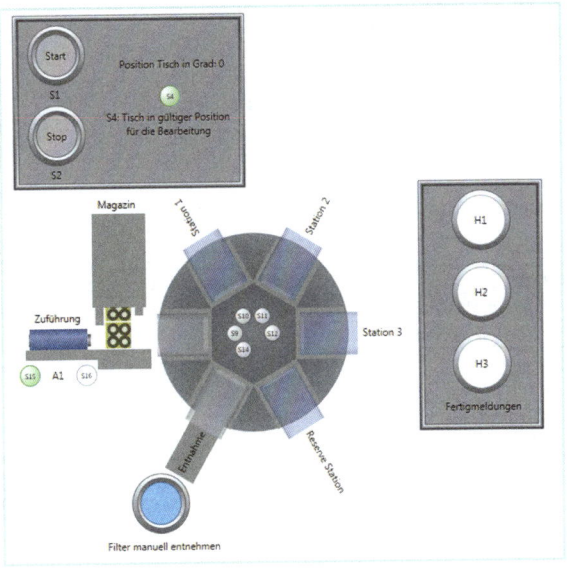

Bild 5.5 Technologieschema Rundschalttisch

Benennung der Operanden:

S1Start	Taster „Start", betätigt = True
S2Stop	Taster „Stop", betätigt = True
S4TischInKorrekterPos	Sensor „Tisch in korrekter Position", betätigt = True
S9AufnahmeStBelegt	Sensor „Aufnahmestation ist belegt", betätigt = True
S10St1Belegt	Sensor „Station 1 ist belegt", betätigt = True
S11St2Belegt	Sensor „Station 2 ist belegt", betätigt = True
S12St3Belegt	Sensor „Station 3 ist belegt", betätigt = True
S14EntnStBelegt	Sensor „Entnahmestation ist belegt", betätigt = True
S15A1Hinten	Sensor Zuführungszylinder hintere Endlage, betätigt = True
S16A1Vorn	Sensor Zuführungszylinder vordere Endlage, betätigt = True
A1VorZurueck	Zylinder A1 vor- und zurückfahren, True = nach vorne fahren
M1RundschaltTisch	Motor Rundschalttisch

5 Übungen

5.6 Rohstoffe in Trommel füllen und vermischen

 RotatedMixingContainer.plclab
RohstoffeInTrommelVermischen.plclab

 RotatedMixingContainer.grafcet
RohstoffeInTrommelVermischen.grafcet

Es soll der GRAFCET für folgende Anordnung erstellt werden:

Eine Trommel kann oben geöffnet werden, um Rohstoffe einzufüllen. Dazu muss sich die Trommel an der Befüllposition S5 befinden. Nach dem Schließen der Trommel (S4 = True) beginnt sie sich für 20 Sekunden zu drehen, um die Rohstoffe zu vermengen. Nach den 20 Sekunden wird die Entnahmeposition S6 angefahren und die Trommel geöffnet (S3 = True), damit sich das Gemenge entleert. Anschließend fährt die Trommel mit gedrosselter Drehgeschwindigkeit zur Befüllposition S5. Wird der Stop-Taster S2 betätigt, werden alle Aktionen sofort gestoppt. Ein neuer Start ist nur möglich, wenn die Trommel manuell entleert und in Grundposition gefahren wird.

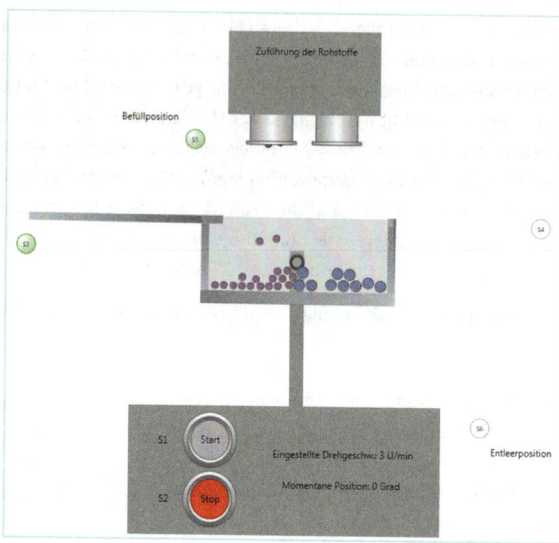

Bild 5.6 Technologieschema Rohstofftrommel

Benennung der Operanden:

S1Start	Start-Taster, Wert = True wenn betätigt
S2Stop	Stop-Taster, Wert = False wenn betätigt
S3TrommelOffen	Sensor Trommel ist offen, Wert = True wenn offen
S4TrommelGeschl	Sensor Trommel ist geschlossen, Wert = True wenn geschlossen
S5BefuellPos	Sensor Trommel ist in Befüllposition, Wert = True wenn in Position
S6EntleerPos	Sensor Trommel ist in Entleerposition, Wert = True wenn in Position
M1Trommel	Motor für Drehung der Trommel
M2TeileAnfordern	Motor für Zuführung der Rohstoffe
A1TrommelOeffnen	Aktor zum Öffnen der Klappe der Trommel, bei True wird die Klappe geöffnet.
M1DrehgeschwInUProMin	Ganzzahliger Vorgabewert für die Drehgeschwindigkeit der Trommel in U/min

Im Detail gestaltet sich der Ablauf wie folgt:

1. Betätigung des Start-Tasters
2. Öffnen der Trommel
3. Anfordern der Rohstoffe für eine Zeitdauer von vier Sekunden
4. Schließen der Trommel
5. Drehen der Trommel mit einer Drehgeschwindigkeit von 20 U/min
6. Nach 20 Sekunden stoppen der Trommel an der Entnahmeposition
7. Öffnen der Trommel für eine Zeit von vier Sekunden
8. Schließen der Trommel
9. Drehen der Trommel zur Befüllposition mit einer Drehgeschwindigkeit von 3 U/min

Nun kann ein neuer Zyklus beginnen. Da der Stop-Taster den automatischen Vorgang abbrechen soll, ist dieser in einer Gruppe mit eigenem Initialschritt zu organisieren, welche bei Stopp durch eine Zwangssteuerung in eine leere Situation zu deaktivieren ist.

5.7 Reifen montieren über Montage-Roboter

 AssemblyRobot.plclab
MontageRoboter.plclab

 GRAFCET Studio
AssemblyRobot.grafcet
MontageRoboter.grafcet

Es soll ein Teilbereich der Reifenmontage bei der Automobilfertigung über GRAFCET beschrieben werden. Dabei kommt ein Montageroboter mit einem Gelenk zum Einsatz. Dieser nimmt einen Reifen auf und platziert ihn an der einen Seite der Hinterachse eines auf dem Band befindlichen Fahrzeugs.

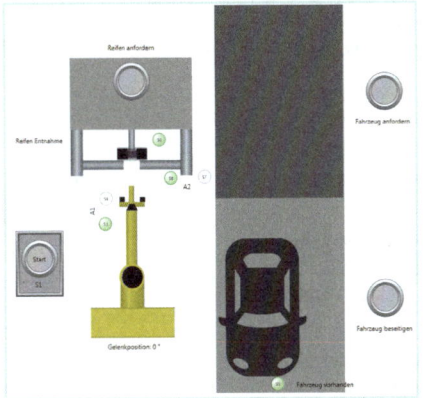

Vorgang:

1. Reifen und Fahrzeug manuell anfordern. Die Endschalter *S5* und *S6* müssen betätigt sein.
2. Start-Taster betätigen.
3. *A2* öffnet die Reifenentnahme. Der Reifen wird vom Roboter aufgenommen.
4. Der Roboter schwenkt nach rechts auf 90° zur Montageposition.
5. *A1* schiebt den Reifen auf die Achse des Fahrzeugs.
6. *A1* fährt zurück.
7. Der Roboter bewegt sich hin zur Grundstellung bei 0°.
8. Das Fahrzeug wird manuell beseitigt.

Hinweis: Für die Ausführung des Roboters wird je ein eingeschlossener Schritt verwendet.

Benennung der Operanden:

S1Start	Start-Taster, Wert = True wenn betätigt
S3A1Hinten	Sensor A1 hinten, Wert = True wenn belegt
S4A1Vorn	Sensor A1 vorn, Wert = True wenn belegt
S5AutoInPos	Sensor Auto ist an Montageposition, Wert = True wenn belegt
S6ReifenInEntnahmePos	Sensor Reifen in Entnahmeposition, Wert = True wenn belegt
S7ReifenEntnahmeOffen	Sensor Reifen-Entnahme ist offen, Wert = True wenn belegt
S8ReifenEntnahmeGeschl	Sensor Reifen-Entnahme ist geschlossen, Wert = True wenn belegt
PosGelenkInGrad	Sensor, ganzzahliger Wert mit der momentanen Position des Robotergelenks in Grad
M1Rechts	Motor für Rechtsbewegung des Roboters
M1Links	Motor für Linksbewegung des Roboters
A1AufnehmerRoboter	Aktor Reifen-Aufnehmer vor/zurück, True = Bewegung nach vorne
A2Reifenentnahme	Aktor Reifen-Entnahme vor/zurück, True = Entnahme öffnen

5 Übungen

5.8 Abschervorrichtung

CutterMachine.plclab
Abschervorrichtung.plclab

GRAFCET Studio
CutterMachine.grafcet
Abschervorrichtung.grafcet

Es soll der GRAFCET für eine Vorrichtung entwickelt werden, bei der Stäbe mit konstanter Länge von einem längeren Stab abgeschert werden.

Beschreibung des Vorgangs:

1. Einschalten der Steuerung über den Taster „St.-Ein" (*S1*).
2. Start des Vorgangs über den Taster „Start" (*S3*).
3. *A2* fährt nach vorne und spannt den Stab ein.
4. *A1* fährt nach vorne, bis der Stab *S13* erreicht hat **oder** der Endschalter *S6* betätigt ist.
5. *A3* spannt den Stab ein.
6. *A4* schert das Teilstück ab und fährt zurück.
7. *A3* fährt zurück.
8. *A2* und *A1* fahren zurück.

Nun kann durch die Betätigung des Start-Tasters ein neuer Zyklus angestoßen werden. Bei Betätigung von Not-Aus oder St.-Aus ist der Vorgang sofort zu stoppen.

Ein Einschalten der Steuerung soll nur bei nicht betätigtem Not-Aus-Schalter möglich sein. Alle Endschalter der Aktoren liefern bei Betätigung das Signal *False*. Gleiches gilt für den Taster St.-Aus und den Not-Aus-Schalter.

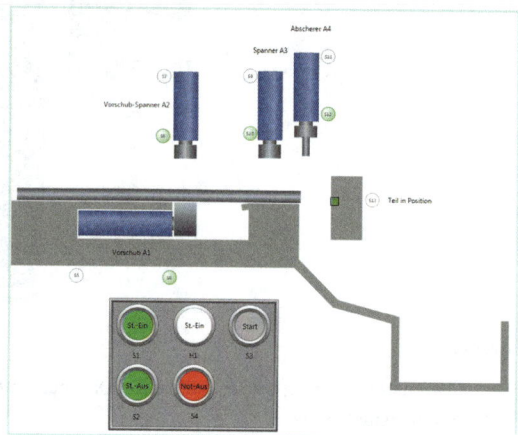

Bild 5.7 Technologieschema Abschervorrichtung

Benennung der Operanden:

S1TasterStEin	Taster „Steuerung ein", Wert = True wenn betätigt
S2TasterStAus	Taster „Steuerung aus", Wert = False wenn betätigt
S3TasterStart	Taster „Start", Wert = True wenn betätigt
S4NotAus	Schalter „Not-Aus", Wert = False wenn betätigt
S5A1Hinten	Sensor A1 hinten, Wert = False wenn betätigt
S6A1Vorn	Sensor A1 vorn, Wert = False wenn betätigt
S7A2Hinten	Sensor A2 hinten, Wert = False wenn betätigt
S8A2Vorn	Sensor A2 vorn, Wert = False wenn betätigt
S9A3Hinten	Sensor A3 hinten, Wert = False wenn betätigt
S10A3Vorn	Sensor A3 vorn, Wert = False wenn betätigt
S11A4Hinten	Sensor A4 hinten, Wert = False wenn betätigt
S12A4Vorn	Sensor A4 vorn, Wert = False wenn betätigt
S13TeilInPos	Sensor Stab in Abscherposition, Wert = **True** wenn betätigt
H1StEin	Lampe „Steuerung ein"
A1Vor	Aktor A1 nach vorn
A1Zurueck	Aktor A1 nach hinten
A2Vor	Aktor A2 vor/zurück, True = nach vorn
A3Vor	Aktor A3 vor/zurück, True = nach vorn
A4Vor	Aktor A4 vor/zurück, True = nach vorn

5.9 Reinigungsbad

 WorkpieceCleaner
Reinigungsbad.plclab

 WorkpieceCleaner
Reinigungsbad.grafcet

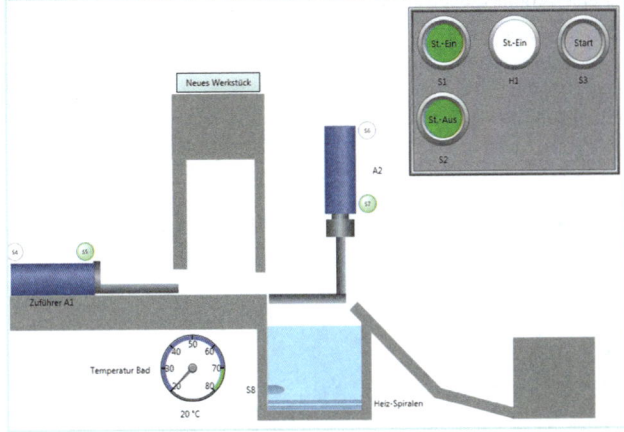

Bild 5.8 Technologieschema zum Reinigungsbad

Es soll der GRAFCET für ein Reinigungsbad von Metallteilen entwickelt werden.

Beschreibung des Vorgangs:

1. Einschalten der Steuerung über den Taster „St.-Ein" (S1). Die Lampe H1 signalisiert die eingeschaltete Steuerung.
2. Start des Vorgangs über den Start-Taster (S3).
3. A1 fährt nach vorne und schiebt ein Werkstück auf die Halterung des A2.
4. Die Heizung des Bads wird eingeschaltet. Ab einer Temperatur von 70 °C kann das Werkstück in das Bad eingetaucht werden. Die aktuelle Temperatur wird über den Sensor S8 im Bereich 20–75 °C geliefert.
5. Hat das Bad die Soll-Temperatur erreicht, dann senkt A2 das Werkstück für 8 Sekunden in das Bad ab. Die Heizung bleibt so lange eingeschaltet, wie sich das Werkstück im Bad befindet.
6. Nach Ablauf der Zeit hebt A2 das Werkstück aus dem Bad heraus. Nun kann ein neuer Zyklus gestartet werden. Dabei schiebt A1 das nächste Werkstück auf die Halterung von A2. Das bereits gereinigte Werkstück wird dabei über eine Rampe dem nächsten Bearbeitungsschritt zugeführt.

Das Ausschalten der Steuerung soll einen Zyklus sofort stoppen. Ein Start ist erst wieder möglich, nachdem die Steuerung eingeschaltet wurde.

Benennung der Operanden:

S1TasterStEin	Taster „Steuerung ein", Wert = True wenn betätigt
S2TasterStAus	Taster „Steuerung aus", Wert = False wenn betätigt
S3TasterStart	Taster „Start", Wert = True wenn betätigt
S4A1Hinten	Sensor A1 hinten, Wert = False wenn betätigt
S5A1Vorn	Sensor A1 vorn, Wert = False wenn betätigt
S6A2Hinten	Sensor A2 hinten, Wert = False wenn betätigt
S7A2Vorn	Sensor A2 vorn, Wert = False wenn betätigt
S8TempBad	Sensor für Temperatur des Bades, ganzzahliger Wert im Bereich 20 °C–75 °C
H1StEin	Lampe „Steuerung ein"
A1Vor	Aktor A1 vor/zurück, True = nach vorne fahren
A2Vor	Aktor A2 vor/zurück, True = nach vorne fahren
HeizungEin	Schaltet die Heizung des Bads ein

5 Übungen

5.10 Tomograph

 Tomograph.plclab  Tomograph.grafcet

Es soll der GRAFCET für einen Tomographen entwickelt werden.

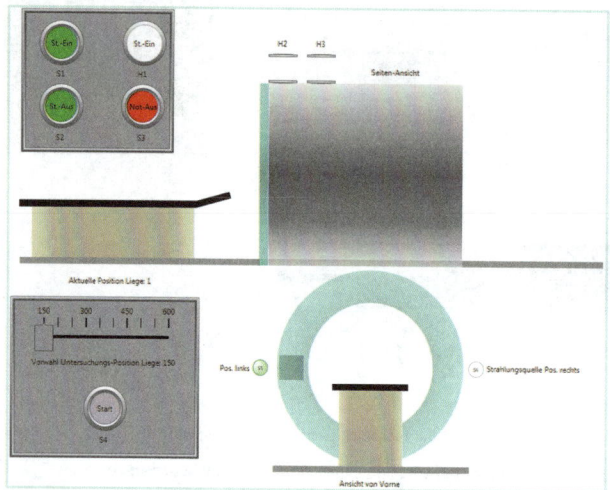

Bild 5.9 Technologieschema zum Tomograph

Beschreibung des Vorgangs:

1. Über einen Schieberegler wird die Untersuchungsposition innerhalb der Röhre eingestellt.
2. Nach dem Einschalten der Steuerung (*S1*) und Start (*S4*) fährt die Liege zu dieser eingestellten Position.
3. Wurde die Position erreicht, dann rotiert die Strahlungsquelle von links nach rechts und wieder zurück.
4. Danach bewegt sich die Liege wieder aus der Röhre heraus in die Grundstellung.

Wenn sich die Liege bewegt, dann soll dies über die Lampe *H2* angezeigt werden. Rotiert die Strahlungsquelle, dann wird dies über *H3* signalisiert. *H3* ist als Blinklampe ausgelegt. Die Position der Liege wird über einen Sensor im Bereich 1 bis 600 geliefert. Die Grundstellung ist dabei bei einem Wert <= 5 erreicht. Das Erreichen der Untersuchungsposition sollte über einen Vergleich >= (größer-gleich) stattfinden, da sich die Liege relativ schnell bewegt. Die Taster Not-Aus (*S3*) und Steuerung aus (*S2*) liefern im betätigten Zustand den Wert *False*.

Benennung der Operanden:

S1StEin	Taster „Steuerung ein", Wert = True wenn betätigt
S2StAus	Taster „Steuerung aus", Wert = False wenn betätigt
S3NotAus	Schalter Not-Aus, Wert = False wenn betätigt
S4Start	Taster „Start", Wert = True wenn betätigt
S5StrahlungsqLinks	Sensor Strahlungsquelle linke Position, Wert = True wenn betätigt
S6StrahlungsqRechts	Sensor Strahlungsquelle rechte Position, Wert = True wenn betätigt
S7PosLiege	Sensor ganzzahliger Positionswert der Liege, Wert liefert den Bereich 1–600
VorgabePosLiege	Über Schieberegler eingestellter Vorgabewert für die Position der Liege
H1StEin	Lampe „Steuerung ein"
M1LiegeInRoehreHinein	Aktor, Liege in den Tomograph hineinbewegen
M1LiegeAusRoehreHeraus	Aktor, Liege aus dem Tomograph herausbewegen
M2StrQuelleRechtsdr	Aktor, Strahlungsquelle nach rechts bewegen
M2StrQuelleLinksdr	Aktor, Strahlungsquelle nach links bewegen
H2StrahlungsquelleRotiert	Lampe für „Strahlungsquelle rotiert"
H3LiegeBewegtSich	Blink-Lampe für „Liege bewegt sich", Lampe ist als Blinklampe ausgelegt